이 책을 선택하신 분에게 추천하는
처음북스의 여행 · 에세이 시리즈

우리는 만날 수 있을까요?

지은이 김연지

사랑을 찾아 서울에서 뉴욕까지 떠난 11,000킬로미터
그러나 그는 이미 뉴욕에 없었다.
한편의 소설 같은 실화를 담은 독특한 여행 에세이!

서른 우리 술로 꽃피우다

지은이 김별, 이경진

서른에는 무엇이라도 되어 있을 줄 알았던 두 여인의 전통주 여행기.
"우리에게는 술이 필요해. 다른 술 말고 우리 술!"

재기발랄 일본 안내서

지은이 애비 덴슨 | 옮긴이 장정인

푸른 눈의 오타쿠 일본을 그리다.
서양인의 시각으로 만나는 일본. 만화와 행운의 고양이, 라멘의 나라로
독특한 여행을 떠나보자.

맛있는 베트남

지은이 그레이엄 홀리데이 | 옮긴이 이화란

생생한 베트남 길거리 음식 문화 탐험기.
덜덜거리는 작은 오토바이를 타고 베트남 구석구석을 누비는 식도락 여행기.
세계적인 셰프 안소니 브르댕의 찬사를 받은 책.

50년간의 세계일주

지은이 앨버트 포델 | 옮긴이 이유경

이 세상 모든 나라를 여행하다.
25세까지 한 번도 다른 나라를 가본 적 없던 청년이 세계 모든 나라를 여행할 목표를 세우다. 〈빨간책방〉이 선택한 바로 그 책.

악당은 아니지만 지구정복

지은이 안시내

달랑 350만원 들고 떠난 141일간의 고군분투 여행기.
여행 한 번 가보려고 악착같이 돈을 모았다. 그러나 영화처럼 악회된 집안 사정.
그래도 기죽지 않는다. 작은 발로 뚜벅뚜벅 세계로 나아간다.

살아남은 자들의 용기

지은이 베어 그릴스 | 옮긴이 하윤나

죽음으로부터 살아남은 사람은 모두 영웅이다.
베어 그릴스의 인생을 설계해준 '진짜' 생존 스토리

나는 아이를 낳지 않기로 했다

지은이 애럴린 휴즈 | 옮긴이 최주언

모든 여자가 어머니가 될 필요는 없다.
아이를 낳지 않기로 선택한 인생도 무언가 부족한 인생이 아니다.
오롯이 하나의 인생이다.

남자를 말하다

엮은이 칼럼 맥캔 | 옮긴이 윤민경

세계적 문학가들이 말하는 남자는 어떻게 만들어지는가? 그리고 남자란 무엇인가? 이언 매큐언, 할레드 호세이니, 살만 루시디, 마이클 커닝햄 등 80명의 문학가 말하는 남자!

내가 죽음으로부터 배운 것

지은이 데이비드 R. 도우 | 옮긴이 이아람

사형수 담당 변호사 도우.
그 앞에 두 가지의 죽음이 펼쳐진다. 사형수와 존경하는 장인 어른.
과연 죽음은 모두에게 공평한가? 죽어야 할 사람이란 있는 것인가?

섹스 앤 더 웨딩

지은이 **신디 츄팩** | 옮긴이 **서윤정**

〈섹스 앤 더 시티〉 작가가 털어 놓는 진짜 뉴욕, 진짜 연애, 진짜 결혼 이야기.
와이프로서의 라이프는 과연 로맨틱할까?

여자들이 원하는 것이란

지은이 **데이브 배리** | 옮긴이 **정유미**

미국에서 가장 웃기는 작가, 데이브 배리가 말해주는,
아주 웃기고 쬐끔 도움되는 자녀교육(?)과 자질구레한 이야기.

늑대를 구한 개

지은이 **스티븐 울프** | 옮긴이 **이혁**

허리 통증 때문에 직장, 가정 모든 것을 잃어버린 변호사 울프.
경견장에서 쫓겨난 그레이 하운드.
버림받은 두 영혼이 서로를 의지하며 삶을 개척해나가는 감동 실화.

저녁이 준 선물

지은이 **사라 스마일리** | 옮긴이 **조미라**

남편의 파병 기간 동안 아빠의 빈자리를 채워주기 위한 주부의 기적 같은 저녁 식사 프로젝트가 시작된다. 이웃에서부터 주지사, 그리고 라디오스타까지 매주 아빠 자리에 앉아 주는 사람들. 그리고 성장하는 가족.

쓱-떠나는 혼행의기술

초판 1쇄 발행 2016년 9월 20일
초판 2쇄 발행 2016년 11월 2일

지은이   신윤섭
일러스트   신지영
발행인   안유석
편집장   이상모
편 집   전유진
표지디자인   박무선
펴낸곳   처음북스, 처음북스는 (주)처음네트웍스의 임프린트입니다.

출판등록 2011년 1월 12일 제 2011-000009호
전화 070-7018-8812 팩스 02-6280-3032
이메일 cheombooks@cheom.net

홈페이지 cheombooks.net 페이스북 /cheombooks
ISBN 979-11-7022-051-0 03940

카페가 잘 되려면 맛있는 커피를 만드는 기술이 있어야 하고, 좋은 대학 가려면 공부 잘하는 기술이 있어야 하듯, 여행도 잘하려면 '기술'이 필요하다!

쓱-떠나는 혼행의기술

여자, 혼자 하는 여행에 빠지다

신윤섭 글

처음북스

Level 1: 떠나기 전, 마음의 자세

Level 2: [이론편]
여행 준비 단계의 필살 기술

Level 3: [실전편]
여행지에서 바로 써먹는 본격 기술

Level 4: 여행에서 돌아온 후의 기술

부록: 여행러버 방송쟁이들이 알려주는 얕은 여행 꿀팁

Level 1:
떠나기 전, 마음의 자세

여행의 즐거움을 극대화하는 가장 쉬운 방법

현재시각 6:42 PM. 이틀 뒤에 생방이 잡혀 있지만 본사 부장님으로부터 아직 아이템 컨펌이 떨어지지 않은 상태다. 당장 모레에 방송할 '꺼리'를 찾지 못했으니, 비상도 이런 비상이 없다. 이대로 영영 아이템을 찾지 못해 화면에 오색 컬러바를 깔아야 하는 사태가 온다면 비키니 입고 스튜디오에 나가 춤이라도 춰야 한다. 채널이 돌아가지 않으려면 말이다.

아이템 찾는 건 대개 작가의 일이지만, 이런 위기상황이라면 피디, 작가 할 것 없이 컴퓨터 모니터를 붙들고 이 잡듯이 아이템 될 만한 걸 찾아야 한다. 이쯤 되면 과감하게 실시간으로 업데이트되는 인터넷 기사 따위에는 미련을 버리고 옛날 방송(이미 다른 프로그램에서 방송한 적 있는 아이템)이나 지역 방송 VOD까지 샅샅이 뒤질 때다. 이런 걸 방송계 전문용어로 '우라까이'라고 한다. 좀 더 고급스럽게 표현하면 '재구성'쯤으로 풀이할 수 있겠다. 어쨌든 〈세상에 이런 일이〉에 나올 만한 기인이든 〈동물농장〉에 출연함직한 기상천외한 동물이든 뭐든 찾아야 한다. 이런 일에 이골이 난 작가들은 흥신소 못지않은 추적 실력을 발휘한다.

갑자기 누군가의 뱃속에서 눈치 없이 "꼬르륵~"하는 소리가 소심하게 새어나온다. 평소 같으면 놀릴 건수 잡았다고 신났을 상황이지만, 지금은 아이템 없는 대역죄인 신세라 누구 하나 저녁밥 먹고 하자는 소리를 감히 하지 못한다. 사무실은 쥐 죽은 듯이 조용하고, 신경질적인 긴장감만이 흐른다.

그때! 한 지역 방송의 VOD를 스캔하던 중 원숭이와 동거하는 한 아저씨를 발견했다. 화면에 잠깐 스친 식당 간판의 전화번호를 단서로 원숭이 아저씨를 추적하기 시작했다. 몇 번의 통화 끝에 주인공의 연락처를 수배할 수 있었고, 즉각 섭외에 돌입했다. 난 아저씨가 지금도 원숭이와 동거 중인지, 혹시 그 원숭이가 사우나 즐기는 장면을 촬영할 수 있는지 여부를 확인하고는 본격 전화 취재를 시작했다. '사우나에 빠진 원숭이'. 이런 아이템이라면 본사 CP^{Chief Producer}도 단박에 컨펌을 내줄 것이 분명하기 때문이다.

역시나다. 취재원과 통화를 마치고 CP에게 방송여부를 물은 결과, 컨펌 OK다. 신들린 듯 키보드를 두들겨 촬영 구성안을 써대는 사이 담당 피디는 6밀리미터 카메라를 들고 일단 원숭이 아저씨가 있는 현장으로 날아갔다. 촬영구성안은 인근 PC방에서 뽑으면 되니 말이다. 휴, 이걸로 급한 불은 끈 셈이다. 어쨌거나 방송 펑크는 막았다. 밥값은 했다는 안도감에 잠시 눈을 붙인다.

다음 날 밤 11시 40분경. 용케도 하루 만에 10분짜리 VCR을 말아온 피디가 도착했고, 함께 편집기 앞에 앉았다. 눈꺼풀의 참을 수 없는 무게감을 이겨내며 밤을 꼴딱 새워 편집한다. 적당한 그림과 인터뷰를 잘라 붙이고 동시에 자막까지 뽑는 초능력을 발휘한다. 멀티플레이어가 탄생하는 순간이다. 피디가 종편(자막과 영상에 효과를 넣는 종합편집의 준말)실로 달려가 신속하게 자막을 넣는 사이 나는 총알 원고를 써내려간다. 멋진 대본을 쓰려는 욕심은 진즉에 개나 줘버리고 방송사고가 나지 않을 정도의 글에 만족한다.

재깍, 재깍, 재깍. 시간은 어느 새 오후 5시 20분을 지나고 있다. 생방이 10분도 채 남지 않았다. 드디어, 부조에 'ON AIR', 빨간 불이 들어왔다. 종편을 마친 피디가 슬라이딩하다시피 편집 테이프를 겨우 넘기고, 대본을 채 한 번도 읽어보지도 못한 성우가 "큐!" 소리와 함께 능숙하게 대본을 읽어 나간다(참고로 동물농장에 고정으로 목소리 출연중이신 베테랑 이선주 선생님이 담당 성우셨다). 잠 한숨 못 자고 만든 방송이지만, 날림으로 글을 썼다는 일말의 죄책감과 '이러고도 네가 작가냐'하는 자괴감에 속이 쓰려온다.

방송을 마치고 거울을 보니 얼굴이 10년쯤은 늙어 있다. 이대로라면 쓰러져버릴 것 같다. 유식한 말로 번아웃^{burn out} 증후군이 딱 내 상황이다. 더 끔찍한 건, 방송이 끝난 다음날부터 또 다시 이 짓을 반복해야 한다는 사실이다. 정말이지 지옥 같다. 남이 강제로 등 떠민 것도 아니고 내가 간절히 원해서 택한 직업이지만, 몸이 버텨주질 못하니 전혀 행복하질 않다. 하늘을 한 번 올려다본다.

'역시 이건 아니지? 나 좀 쉬어도 되겠지?'

내일 출근하면 팀장에게 이렇게 말하겠다고 결심한다. 이달 말까지만 하고 그만 두겠노라고. 나는 여행을 가서 좀 쉬어야겠다고. 나를 붙잡을 생각일랑 마시고 다른 작가 구하시라고. 그날로 바로 런던행 비행기 티켓을 끊었다(나도 내가 이렇게 추진력 있는 사람인줄 이때 처음 알았다). 약 10년 전, MBC에서 〈생방송 화제집중〉이라는 데일리 프로그램을 하던 시절의 이야기다. 지독하게 빡센 프로그램을 만난 것에 대한 보상심리였는지 직장인 치고는 다소 과감한 한 달 코스의 여행을 감행할 수 있었고, 그 결단이 원동력으로 작용해 본격적인 나의 여행

라이프도 시작되었다. 돌이켜보면 그때만큼 쾌감이 컸던 기억이 또 있을까 싶다.

세상사 극단적인 것만큼 조화로운 것도 없다. 혓바닥이 얼얼할 정도로 매운 음식을 먹은 뒤에는 달콤한 아이스크림만 한 게 없듯이 말이다. 여행에서의 즐거움을 극대화하려면, 떠나기 전에 자신을 혹독하게 혹사시키는 것만큼 효과적인 게 없다. 일주일에 이틀씩 밤샘 작업을 하고, 밥 먹을 시간도 없어 은박지에 싼 싸구려 김밥 한 줄로 허기를 때우지만 한 달에 받는 돈은 고작 160만원(물가는 매년 오르는 반면 이놈의 망할 작가 페이는 10년이 지난 지금도 별반 차이가 없다는 슬픈 현실). 지독한 스트레스에 이러다 곧 요단강을 건너겠구나 싶을 때 떠나는 여행만큼 달콤한 것도 없다.

결국, 일터에서의 치열함은 여행의 즐거움과 정비례한다. 영혼까지 탈탈 털어 혼신의 힘을 다하고 나면, 여행지에서 조금쯤 사치를 부려도 정당화되는 기분마저 들기 때문이다.

'그래, 넌 즐길 자격 있어.'

여러분도 격하게 동감해주시길 바라마지 않는다.

그럼,
떠나야할 때는
언제인가?

모두가 궁금해 한다. 혹은 궁금해만 하다가 결국 못 떠난다. 그런 사람이 태반이다. 왜냐, 살면서 꼭 떠나야하는 '결정적 순간'이라는 게 말처럼 흔하게 오는 게 아니기 때문이다. 반드시 여행을 가야만 하는 상황이 생기거나 누군가 지금 당장 떠나라고 강압적으로 밀어붙여주면 차라리 속이 편하겠지만, 그런 경우는 없다. 결국, 떠날 타이밍을 잡는 것은 스스로의 몫이다.

여행 한 번 가려고 하면 걸리는 게 한두 개가 아니다. 지금 떠나면 손해를 보거나 포기해야 할 뭔가가 생기는 탓이다. '지금 떠나면 다음 달 월세는 어떻게 마련할까?', '이 돈을 여행자금으로 써버리면 당분간 쇼핑은 끊어야겠지?', '엄마가 병원비를 보태달라는데 내가 여행을 가버리면 불효녀 소리 듣겠지?', '지금 휴가를 써버리면 평생 상사 눈치를 봐야겠지?'.

그런데, 이런 걸리적거리는 상황에서 자유로운 사람이 몇이나 될까? 누구나 각자의 사정이 있고 그 때문에 고민의 늪에서 벗어나지 못한다. 그렇게 백날 고민만 하면 당신 인생에 '여행'은 없을 수도 있다.

그것도 평생.

'매일매일 똑같은 일상,
그냥 훌쩍 떠나세요'

한 여행사의 TV판 광고 카피다. 그 멘트에 이어서, 눈부신 해변이
한눈에 보이는 선베드에 누워 칵테일을 건배하는 남녀의 그림이 등장
한다. 연출된 상황이지만 참 팔자 좋아 보인다. '누군 몰라서 못 떠나
는 줄 아냐, 염장 한 번 제대로 지르네.' 욕지거리를 일발장전 하다가
도, 솔직히 부정할 수 없음을 우리는 안다. "정답!"

맞다. 그저 훌쩍, 떠나는 수밖에 없다.

혹, 당신은 프리랜서니까 그럴 수 있겠지 하시는 분이 계실지도 모
르겠다. 프리랜서라는 직업 특성 덕에 비교적 쉽게 여행을 떠날 수 있
다는 건 틀린 말이 아니다. 하지만, 그건 상황이 그렇다는 거지, 속사
정을 들여다보면 작가도 일반 직장인과 다를 게 없다. 방송작가는 고
용보험이 없는 탓에 일이 없는 구직기간 동안에는 10원의 수입도 보
장되지 않는다. 프로그램 하나 끝나면 바로 다른 프로그램으로 갈아
타서 일을 해야 생활을 영위할 수 있는, 즉 계속 일을 해야 밥 벌어먹
고 살 수 있는 평범한 직장인일 뿐이다. 나 역시 중요한 뭔가를 (단도직
입적으로 말하면 수입을) 포기하고 여행을 간다는 말이다.

평범한 직장인들도 1년에 10일쯤은 휴가를 쓸 수 있는 걸로 안다. 하지만, 소위 윗분 눈치에 제대로 챙겨 쓰는 경우는 드물다고 한다. 상사에게 잘 보인다고 자동으로 승진하는 것도 아닌데, 조금쯤 과감해지면 어떨까.

고교 동창인 K는 입사 2년차인 신입 시절, 추석 연휴 5일에 1년치 연차와 월차까지 싹싹 긁어모아 유럽으로 여름 휴가를 떠났다. 평생의 소원이던 유럽 여행에 휴가를 올인한 거다. 남들 눈에는 생각 없는 애처럼 보일지 몰라도, 그녀는 윗사람 눈치보다 자기 삶의 질을 우선시 했다. 여행을 가려면 이 정도 용기, 필요하다. 욕 좀 먹을 각오하고, 대세에 지장 없는 한 주위의 비난쯤은 감수할 수 있어야 한다. 나중에 들은 바로는 파리에서 잔뜩 사온 와인 선물이 오히려 인사고과에 유리하게 적용된 것 같다고 했다(계장님을 함박웃음 짓게 한 레드와인은 사실 한 병에 5천원을 넘지 않는 저가였음을 밝힌다). 다시 말해, 처세하기 나름이다.

여행을 떠날 수 있는 완벽한 타이밍은 없다. 반복되는 일상에서 벗어나고 싶어 몸이 근질근질하다면, 또 여행을 가야만 내 인생이 손톱만큼이라도 더 행복해질 수 있다면, 언제라도 떠날 수 있어야 한다. 그리고, 그 결정은 온전히 당신의 몫이다.

혼자
여행을 가야하는
이유

솔직히 여러 개 댈 것도 없다. 혼자 여행이 더 좋은 첫 번째 이유, 아주 간단명료하다. 여럿이 가면 의견충돌이 발생하기 때문이다. 불 보듯 뻔한 이치다. 친구랑 가도, 가족과 가도, 하물며 죽고 못 사는 애인과 가도 트러블은 생긴다(신혼여행 갔다 오자마자 이혼 도장 찍는 커플이 하도 많아, 일본에는 하네다 공항의 이름을 딴 '하네다 이혼'이라는 신조어가 있을 정도다).

본인이 특별히 까칠해서가 아니다. 누군가와 함께 여행을 가면 크든 작든 100퍼센트 트러블이 발생한다. 안타깝게도 여행이라는 게 그렇게 시스템 되어 있다. 이해하기 쉽도록 구체적으로 예를 들어보겠다.

하나, 여행 일정을 맞춘다. 둘의 스케줄이 똑같지 않은 이상 날짜를 선정할 때 한 명이 약간의 희생을 치르게 된다. 그런데 상대가 몰라준다.

둘, 항공권과 숙소 비용은 1/N로 한다. 하지만, 여행하다 보면 돈 문제, 꼭 생긴다. 치사한 것 같아 내가 좀 더 쓰기로 마음먹는다. 그런데 상대가 몰라준다. 참 무심도 하다.

셋, 여행지에서 식사 메뉴를 정한다. 한 명은 스테이크가 먹고 싶은데, 다른 한 명은 길거리 음식으로 간단히 때우고 싶다. 둘 중 하나는 어쩔 수 없이 자기 취향을 포기한다. 그런데 상대가 몰라준다. 슬슬 짜증이 난다.

넷, 미술관이나 박물관에서 하루 종일 시간을 보내고 싶은데, 다른 한 명은 건물 앞에서 인증샷만 찍자고 한다. 실랑이하기 싫어 울며 겨자 먹기로 포기한다. 그런데 상대가 몰라준다. 인내심에 한계가 온다.

다섯, 피곤한 날은 하루쯤 숙소에만 있고 싶은데, 하나라도 더 봐야 직성이 풀리는지 일단 나가자고 한다. 억지로 지친 몸을 이끌고 나간다. 역시나 컨디션이 바닥이니 뭘 봐도 재미가 없다. 그런데 상대가 몰라준다. 화가 치민다. 배알이 꼴린다. 이쯤 되면 말이 곱게 안 나간다.

둘이 가는 여행은 '기승전-싸움'으로 흐르기 쉽다. 원만하게 여행하고 싶어서 인격이 훌륭한 내가 손해보자 마음먹어도, 상대가 안 알아주면 화딱지가 난다. 짜증과 설움이 쌓이고 쌓여 크게 한 번 폭발한다. 안 갈라서면 다행이다(숙소며 비행 일정까지 똑같은데 여행 중 갈라서는 것만큼 골치 아픈 것도 없다).

후배들 살뜰하게 잘 챙기기로 소문난 작가 B는 후배 L에게 3개월간의 유럽 배낭여행을 제안했다. 평소 한 팀에서 일하며 호흡이 잘 맞았던 터라, 좋은 여행 메이트가 되어줄 것만 같았다. 그런데, 평화로울 줄 알았던 둘 사이의 호흡은 여행 초반부터 삐그덕댔다. L은 맥도날드에서 끼니를 때우며 경비를 절약하자 주의였지만, B는 비행기 열두 시간 타고 유럽까지 가서 빅맥을 먹을 거라곤 상상도 못했던 거다. 배려심 많은 B는 한 살이라도 많은 내가 아량을 배풀자는 마음으로 후배의 취향에 맞춰 줬지만, 속이 편하지는 않다. 결정적으로 여행을 마치고 홍콩에서 스톱오버 할 기회가 있었는데, L이 몸살에 걸리면서 그마저도 포기할 수밖에 없었다. 물론 후배 L의 사정이 딱한 건 맞지만, 왜 하필 그때 아픈건지. 세상 야속하다. 모처럼의 기회를 날려먹은 것 같아 내심 억울한 맘이 든다. 유럽에서 돌아온 그녀는 앞으로 다시는 누군가랑 함께 여행가지 않겠노라 결심했다고 한다.

일상생활에서는 충분히 양해 가능한 일이 여행이라는 특수한 상황에서는 그렇지 못한 경우가 허다하다. '오늘 못한 거 내일 하면 되지뭐'가 안 통하는 탓이다. 상대방 때문에 하고 싶은 거 못하고 참다보면, 나처럼 속 좁은 사람들은 분노게이지가 천장까지 솟구친다. 불가항력이다. 상대방을 배려하려고 홀로 속 끓이다 여행을 망치는 어리석은 짓은 절대 하지 말자.

"나는 당신처럼 호불호가 강한 성격이 아니라, 그 의견에 반댈세"라고 반기를 드는 분 계실 거다. 혼자 여행이 더 좋은 진짜 이유는 다행히 따로 있다. 여행의 '본질'에 답이 있다 하겠다. 우리가 힘든 여건 속에서도 꾸역꾸역 여행을 계획하는 건 뻔한 지금의 일상에서 벗어나 최대한 익숙지 않은 색다른 재미를 찾기 위해서가 아닌가. 이를테면,

낯선 여행자와의 만남 때문에 일어나는 예상치 못한 상황 전개 같은 것 말이다.

영화 시나리오에 반전이 클수록 별점이 올라가듯, 예상 가능한 건 뭐든 시시하다. 여행도 마찬가지다. 친숙한 동행자와 떠나는 여행 시나리오는 뻔해지기 십상이다. 서로의 취향을 잘 알아 안정적이긴 하지만, 뭔가 뒷맛이 심심하다. MSG를 쳐서 분위기를 환기시키고 싶다. 그럴 때 필요한 게 바로 낯선 여행친구다.

그런데, 동행이 있는 여행을 하다보면 낯선 인연이 끼어들 틈이 없다. 원천봉쇄다. 특히 여자들의 경우 더 심하다. 24시간 내내 붙어있는데 감히 누가 그 관계 속에 파고들 엄두를 내겠는가. 굳이, 왜?! 반면, 혼자 있는 여행자에게는 말 한마디도 걸기가 임의롭다. 친구 삼기가 훨씬 수월하다.

무릇 친구 관계라 함은 같은 출신지역이나 학교, 직장 등 서로의 공간의 교집합에서 이루어지는 게 대부분이다. 그런데 여행지에서 알게 된 인연은 참 흥미로운 게, 살면서 평생 알고 지낼 일 없을 줄 알았던 전혀 다른 공간에서 온 사람들과 만남이 가능하다. 새로운 세계와의 만남 또한 여행이 주는 묘미다.

이래저래 따져 봐도, 답정너다. 역시 여행은, 혼자 떠나는 게 옳다.

여자 혼자 여행, 조심해야 할 세 가지

꺼진 불도 다시 보고 돌다리도 두드리랬다. 여자 혼자 하는 여행에 무조건적인 응원을 보내는 나지만, '여자'와 '혼자'라는 단서가 붙으면 좀 더 조심하고 신중하게 행동할 필요는 있다. 즐겁자고 떠나는 여행에 목숨을 담보로 걸 필요는 없으니 말이다.

여행을 준비하다 보면 누구나 여행지와 연관된 커뮤니티에 가입하기 마련이다. 먼저 그 도시를 다녀온 여행 선배들에게 생생한 조언을 들으려고 가입하는 것도 있지만, 현지에서 부분 일정을 함께할 목적으로 동행을 찾으려고 가입하는 경우도 있다. 커뮤니티에서는 저녁에 같이 맥주 한 잔 하실 분, 뮤지컬 같이 보실 분 등 구인광고 글을 종종 볼 수 있는데, 여기에 함정이 있다는 사실을 아는가!

여행 관련 사이트에 개인 신상을 남기지 마라!

때는 2011년 가을. MBC에브리원에서 연예 매거진 프로그램인 〈매거진원(〈주간아이돌〉의 등장으로 막을 내린 비운의 프로그램)〉을 할 때였다. 비

숫한 또래의 30대 싱글 작가 셋이서 함께 일했는데 공교롭게도 우리에게는 공통분모가 있었다. 멀쩡하게 생긴 처녀들이 어찌 이리 남자복이 지지리도 없는지, 하나는 남자만 만났다 하면 3개월을 못 버티고차였고, 또 하나는 팔자에 남자가 씨가 말랐는지 5년 넘게 남자 구경을 못했고, 나머지 하나는 평생 짝사랑만 하는 박복한 스타일이었다.

하루는 우리끼리 추억 하나 만들자고 〈박명수의 2시의 데이트〉에 출연신청을 했는데(시청자와 함께 오프닝을 꾸미는 코너가 있었다), 장난처럼 시작한 게 일이 커졌다. 라디오 담당 작가에게서 급하게 출연 요청이 오는 바람에 셋이 일하다 말고 라디오 부스로 출동해 명수옹과 녹음을 하게 된 거다. 어쩌다보니 방송 중에 내 메일주소를 공개하게 됐고, 엉겁결에 여의도에서 3:3 미팅 공개제안을 했다. 그것 역시 장난반이었는데 별의별 남자들의 신청이 줄을 잇는 거다. 이게 웬 떡이냐 싶어 몇 차례 미팅을 가졌는데, 혹시나는 역시나로 끝나고 말았다.

지금 이 얘기를 왜 꺼내느냐 하면, 그 당시 연애에 몹시 목말라 있던 내 사정을 말해두기 위해서다. 홍콩과 마카오 여행 준비를 하던 난 여행 커뮤니티에 가입해 Q&A에 매일같이 질문을 올리며 신들린 듯 정보 수집을 했는데, 어느 날 쪽지가 하나 와 있었다. 자신을 마카오에 살고 있는 청년이라고 소개한 그는 마카오에 오면 세도나 광장에서 맥주나 한잔하자고 제안했다. 다음 날 출근해 다른 작가들에게 이 얘기를 전하니, 무조건 만나라며 호들갑을 떨었다. 자연스럽게 연락처를 주고받고는 마카오에서 만날 것을 약속했다. 그때만 해도 전혀 이상한 낌새는 없었다.

홍콩에서 며칠을 보내다 그와 약속이 있던 날 마카오로 향했다. 배로 두 시간이면 가는 거리라 당일치기로 계획을 잡고 갔는데, 마카오에 도착하자 그에게서 계속 문자가 왔다. 세도나 광장에는 언제쯤 도착하냐는 질문에 곧 도착하니 연락하겠다고 했는데, 이거 약속시간이 다가올수록 문자에서 수상한 기운이 스멀스멀 올라오는 게 아닌가. 광장은 시끄러우니 자기 집에서 맥주를 마시자는 둥, 집에서 맛있는 요리를 해주겠다는 둥, 해괴망측한 문자를 날리는 것이었다. 순간 등골이 오싹해졌다. 이놈이 날 집으로 데려가 뭔 짓을 하려는 거지? 여기에 생각이 닿자, 그놈의 문자가 공포로 다가왔다. 뒤도 안 돌아보고 문자를 씹어버리고는 홍콩으로 돌아갔다.

한국에 도착해서 다시 그 커뮤니티에 들어와 보니, 공지사항에 진돗개 1호가 발령되었다. 마카오에 사는 남자로부터 맥주 마시자는 쪽지 받으신 분들, 사기꾼이니 부디 조심하라는 글이었다. 만나서 친해지면 여자한테 돈을 빌려 잠수를 타버리는 불량한 전적이 있다는 거다. 역시 나의 직감은 틀리지 않았다. 괜히 여행지에서의 로맨스를 꿈꾸다 큰 코 다칠 뻔 했다. 그때 식겁한 걸 생각하면 지금도 손이 떨린다. 그의 실체가 만천하에 드러난 이 후, 그 묘령의 남자는 함부로 연락처를 공개하지 말라는 큰 교훈을 남긴 채 홀연히 자취를 감췄다.

욕 한 마디쯤은 영어로 할 수 있어야!

우스갯소리로 이런 얘기가 있다. 외국 나가면 오나미나 김태희나 똑같다고. 특히 유럽 남자들 눈에는 오히려 오나미처럼 동양미가 넘치는 여성을 더 미인으로 쳐준다나 뭐라나. 그래서 유럽에 여행가면 왠지 목이 좀 뻣뻣해지면서 없던 미모 자신감이 샘솟았던 기억, 한 번쯤 있을 거다. 나 역시 그런 줄로 알았다. 유럽에 가면 동양에서 온 공주쯤은 아니라도 무수리 취급은 안 받을 거라고 믿었다. 결론부터 말하자면, 천만의 말씀이다. 동양에서 온 흔한 여자 여행자의 헛된 망상이요 착각이었다.

'뭐 그렇게 자기비하 할 것까진 없지 않아?'하고 나를 위로하려는 여러분의 따뜻한 마음, 감사히 받아들이겠다. 고맙고 황송하다. 하지만 이렇게까지 말하는 데는 다 이유가 있다. 동양 여자가 유럽이나 미국에서 환대를 받는 건 고사하고, 알게 모르게 인종차별을 당하거나 심지어 성추행 당하는 경우도 심심찮기 때문이다.

런던에 갔을 때의 기억이다. 템즈 강변을 따라 특별한 목적지 없이 걷고 있었는데, 갑자기 대학생쯤으로 보이는 남녀 셋이 우르르 달려들더니 "어느 나라에서 왔냐"고 묻는 거다. 여행 하다 보면 흔히 듣는 질문인지라 대답을 해주려 했는데, 멀대같이 생긴 남자애 하나가 탁 구하는 시늉을 하며 중국 사람이냐고 물었다. 호기심보다는 조롱하는 뉘앙스가 풍겨 내 얼굴에 불쾌해하는 표정이 고스란히 드러났고, 무리 중 유일하게 정신이 똑바로 박혀 있는 듯 보이는 여자애가 대신 사과하고는 친구를 타일러 제 갈 길을 가는 것으로 상황이 일단락됐다. 내가 피부가 하얀 여행자라도 그리 무례하게 굴었을까? 명백한 인종차별에 화가 치밀었지만, 혼자 분을 삭일 수밖에 없었다.

이런 몹쓸 경험이 비단 나만 겪은 일은 아닐 거다. 그래도 이 정도 인종차별은 똥 밟은 셈치고 침 한 번 퉤 뱉으면 된다. 그런데 낯선 타지에서 성추행을 당하면 문제가 커진다.

하루는 TV를 보고 있는데, 이효리가 뉴욕 신발 가게에서 구두를 신어보느라 허리를 숙였는데 어떤 미친놈이 엉덩이를 꽉 움켜쥐었다 유유히 사라졌다는 일화를 털어놓고 있었다. 당황해서 영어는 안 나오고, 다급한 마음에 한국식으로 걸쭉하게 쌍욕을 뱉었다고 말해 녹화장을 웃음바다를 만들고 있었다. 그런데 예능이니까 웃고 넘어가지 이건 결코 웃어넘길 얘기가 아니다. 특히 나와 같은 경험자에게는 말이다. 나 역시 런던에서 유사한 경험을 했다.

장소는 유동인구 많기로 유명한 런던 피카디리 서커스 인근. 인파에 휩쓸려 걷고 있는데 내 엉덩이에서 낯선 남자의 손길이 느껴지는 거다. 젠장, 웬 꼴뚜기 같이 생긴 놈이 자기 엉덩이인 양 내 엉덩이를 꽉 쥐고 내뺀 거다. 이효리의 억울하고 화난 심정을 내가 100퍼센트 공감하는 이유, 이해하시겠는가. 만약 이 상황이 한국에서 벌어진 거라면 뒤쫓아가 멱살이라도 잡고 경찰서로 데리고 가거나, 도망가는 그 놈 뒤통수에 대고 시원하게 욕이라도 발사해줬을 터. 하지만 내 편이라고는 하나 없는 낯선 외국에서 영어도 제대로 못하는 관광객에 불과한 처지로 그렇게 행동하기는 말처럼 쉽지 않다. 그때 또 한 번 교훈 하나를 뼛속 깊이 새겼다. 영어를 유창하게 하지는 못해도 최소한 욕 하나는 제대로 하자고 말이다. 뭐, 길 것도 없다. 'F'로 시작하는 그 유명한 욕으로도 충분하리라 본다.

돈과 내 육신의 물아일체

현실 세계에서 여자 혼자라는 건 어딜 가나 핸디캡이 될 때가 많다. 특히 낯선 땅에서라면, 그것도 소매치기 천국이라는 오명이 붙은 스페인에서라면 더더욱 그렇다. 혼자 다니는 여자만큼 쉬운 표적도 없기 때문이다.

게스트하우스에서 만난 여행자들과 소매치기 경험담을 나누다 보면 사방에서 봇물이 터진다. 나의 작가 지인 중에도 스페인에서 지갑 털린 사람이 둘이나 된다. 동갑내기 작가 친구는 백주대낮에 흉기를 든 남자한테 가방을 뺏겼고, 또 다른 작가 언니는 자기도 모르는 사이 지갑이 털려 유럽 일정이 한 달이나 남은 상황에서 빈털터리 신세가 되기도 했다. 다행히 게스트하우스에서 만난 여행자들에게 십시일반으로 돈을 빌려 경비를 마련한 덕에 무사히 여행을 마무리했다고 한다.

그런데 문제는 이런 얘기를 보통 허투루 듣는다는 거다. '설마 나한테 이런 일이 벌어지겠어?' 안타깝지만 충분히 가능한 얘기다. 결코 남 일이겠거니 하고 가벼이 넘기지 말고, 조금 촌스럽게 보일지라도 큰 돈은 복대에 보관해 안전하게 다니시길 바란다. 내 몸과 돈이 절대 떨어질 일 없도록 말이다. 안전한 여행을 하려면 이 정도 번거로움쯤은 감수할 줄도 알아야 한다.

마지막으로 여자 혼자 해외여행을 할 때 조심해야 할 몇 가지 지침을 공유하겠다. 영국 정부가 영국 국민을 대상으로 발표한 내용이긴 하지만, 만국공용으로 봐도 무방한 듯하니 참고하도록 하자.

- 당신의 옷이 그 지역 의상과 잘 맞는지 생각하라.
- 비싼 장신구(보석 등)는 착용하지 말라.
- 결혼반지를 껴라. 성추행 등을 피하는 데 도움이 될 수 있다.
- 새로운 '친구'를 경계하라. 그들이 (로컬일 뿐만 아니라) 여행자라도.
- 낯선 사람에게 당신이 어디에 묵고 있는지 자세하게 알려주지 말라.
- 원치 않는 친절이나 기분 나쁜 제안, 주목 등은 대체로 무시하는 게 좋다.
- 자신감 있게, 당당하게 행동하라.
- 모르는 사람의 차를 얻어 타지 말고, 히치하이킹도 절대 하지 말라.

- 불쾌감을 느꼈거나 위험에 빠졌을 때는 소리치고 소란스럽게 하라.

- 영어권 나라에서는 "help(도와주세요)!"보다 "fire(불이야)!"가 더 큰 주목을 받는다.

여행에 날개를 달아주는 적금통장

"너 사는 집 딸이었어?"

"된장녀 같으니라고. 너 요즘 돈깨나 만지나보다?"

평소 해외여행을 부담 없이 즐기는 나를 보며 주변에서 던지는 말이다. 결론부터 말하자면, "아니올시다!" 둘 다 내가 처한 현실과는 거리가 멀다. 그것도 꽤나. 태생적으로 부잣집 막내딸의 상팔자와는 인연이 멀고, 성인이 된 뒤로 부모님한테 용돈 한 번 받아본 적 없다. 월 20만 원짜리 손바닥만 한 월세방에 살며, 나름 방송계 16년 차의 중견 직장인이지만 여전히 샤넬 가방 하나 값도 안 되는 월수입으로 살아가는, 지극히 평범한 생계형 작가일 뿐이다. 그런 내가 1년에 한두 번은 국제선을 타고 떠나는 걸 보면, 이렇게 오해하는 것도 어쩌면 당연하다.

해외여행을 아무 부담 없이, 그것도 신속하게, 속전속결로 떠날 수 있었던 나. 사실, 나에게는 믿는 구석이 하나 있긴 하다. 알토란같은 '여행적금통장'이 그 답이다.

간절히 원하는 여행지도 발견했고 어렵게 시간도 확보했는데, 정작 돈이 없어서 못 떠난다면 이 얼마나 큰 비극인가. 그런 우울한 상황을 미연에 방지하고자, 우리는 충분한 여행 자금을 사전에 마련할 줄 알아야 한다.

그런데 갑자기 로또에 당첨될 것도 아니고 이 불경기에 보너스가 하늘에서 뚝 떨어지는 것도 아닌데 어떻게 여행비용을, 그것도 충분히 만들어 내느냐고? 방법은 간단하다. 있는 돈을 쪼개서 모으는 거다. 이 무슨 개뼈다귀 같은 소리를 하냐 싶겠지만, 살다보면 몰라서 못하는 것보다 알고도 실천 안하는 게 더 무서운 거라는 진리쯤은 다들 아실 터.

단, 타격 없을 만큼만 모아라!

보통 내 나이쯤 되면 연금에 각종 보험, 적금 등 고정적으로 나가는 돈이 한두 푼이 아닌데, 나의 지출목록에는 이것 말고도 한 가지가 더 있다. 바로 '여행 적금'이다. 온전히 여행 경비로 활용하는 통장인 셈이다. 매월 수입에서 일정 부분을 떼어 저축을 하는데, 여기서 포인트는 월급에서 사라져도 절대 티가 나지 않을 정도여야 한다는 점이다. 살림 꾸려가는 데 전혀 타격이 미치지 않을 정도의 금액을 정해, 달달이 저축하는 거다.

도대체 얼마를 모으면 좋을까 고민된다면, 보험과 비슷한 개념으로 생각하면 쉽다. 예부터 어른들 말씀에 살다 보면 보험을 깨야 하는 위기가 한두 번쯤 찾아오기 마련이므로, 절대 무리해서 가입하지 말라고 하셨다. 일반적으로 적정 보험납입금을 월급의 7퍼센트 정도라고 보는데, 여행적금통장도 마찬가지로 보면 된다. 난 7퍼센트는 고사하고 3퍼센트도 따로 떼어낼 여력이 없다는 분들, 죄송하지만 비겁한 핑계에 불과하다.

매일 출근길에 습관처럼 마시는 커피 값만 아껴도 여행자금을 마련하는 데는 충분하기 때문이다. 5천 원짜리 커피를 하루에 한 잔씩 마신다고 생각했을 때, 한 달이면 단순계산으로 15만 원이라는 셈이 나온다. 1년이면 15×12=180, 즉 180만 원이라는 목돈이 쌓인다. 그러니 나는 먹고 죽을래도 여행통장 만들 돈은 없다는 핑계는 대지 말자. 1년 동안 커피만 참아도 가까운 일본은 물론이고, 한국에서 비행시간 다섯 시간 반경에 있는 어지간한 도시는 여행하고도 남는다. 투어도 실컷 즐기고 면세점에서 500밀리리터짜리 키엘 수분크림에 디올 팩트까지 장바구니에 담아도 전혀 모자람이 없다에 내 오른손목을 건다.

'나는 커피는 입에도 대지 않는데 어떡하란 말이야?' 하신다면, 담배도 좋고 인터넷 쇼핑몰도 좋다. 줄여나갈 구석은 반드시 있으니, 눈에 불을 켜고 찾아보시길 바란다. 한 달치 지출 내역만 써보면 금세 답이 나온다.

　나는 처음 10만 원으로 시작해 요즘에는 매달 20만 원을 통장에 착실하게 입금하고 있다. 맥시멈은 항상 20만 원을 넘지 않는 편이다. 너무 큰 금액으로 정해버리면 형편이 어려울 때 포기하게 되는 건 물론, 만기 후 큰 목돈을 마주하면 심리적으로 불순한 생각을 할 수 있기 때문이다. 일테면, '이 돈이면 발렌시아가 모터백 정도는 살 수도 있겠네' 같은 유혹 말이다.

　그리고 이왕이면 시중 은행에 가서 단기 적금으로 종이통장을 만들 것을 권한다. 혼자 여행적금이네 하고 돼지 저금통에 모으다 보면 웬만큼 의지가 강하지 않고서는 한 두 달쯤 건너뛰기 십상이다. 단기적금으로 1년을 묶어두면 개미 오줌만큼일지언정 이자도 붙기 때문에 절대 손해날 일은 없다. 그리고, 이렇게 모든 자금은 다음 행선지가 결정되기 전까지는 하늘이 두 쪽 나도 절대 손대지 않도록 한다.

　여행적금통장이 중요한 이유는 여행은 가고 싶은데 그깟 돈 때문에 부담스러우면 인생이 너무 서글퍼지기 때문이다. 대게 여행을 망설이는 가장 큰 이유는 만만치 않은 여행경비 때문인데, 그때 공짜 선물처럼 짠하고 적금통장이 나타나준다면 얼마나 마음 부담을 덜겠는가. 푼돈 모아 목돈이라고, 깨알같이 모은 적금으로 여행을 떠나면 뿌듯한 건 둘째 치고, 왠지 공돈으로 여행하는 기분마저 든다. 그 짜릿한 감정을 꼭 한 번 누려보시길 바란다.

당신만의
여행 프로그램을
기획하라

트렌드는 패션업계의 선유물이 아니다. 방송 바닥만큼 트렌드에 민감한 데도 드물다. 전성시절에 비하면 단물이 좀 빠졌다고는 하나(반토막 난 시청률), 여전히 관찰 포맷이 대세를 이루는지라 카메라 장비 대여업체가 떼돈을 만진다고들 한다. 지상파에 종편, 케이블까지 채널마다 하나씩은 전략적으로 편성을 하고 있으니 그럴 만도 하다. 추세가 그러니 관찰 형식을 빌어 촬영을 하지만, 이게 제작진이나 연예인 둘 다 한테 못할 짓이다. 방송에는 고작 20분쯤 나가도 그 정도 분량 뽑으려면 하루 온종일 촬영해야 하니, 출연자들의 고충이야 짐작이 가실 터. 또 집안 구석구석에 카메라를 설치하다 보니 녹화된 테이프 분량만도 수십 개. 편집하는 피디도 아주 죽을 맛일 거다.

　뭐 하나 터졌다 하면 줄줄이 자기복제를 반복하는 한국판 방송판에서 크게 대박 터뜨린 적은 없지만 탄탄하게 자기 영역을 구축하고 있는 포맷이 있다. 바로, 여행자의 로망을 대리만족시켜주는 '해외여행 프로그램'이다.

　대개 이렇다. 핫한 연예인을 여럿 섭외해 여행지로 떠난다. 그림 좋은 핫스폿만 골라 순례하는 호사를 누리기도 하지만, 때론 예상치 못한 상황과 맞닥뜨린 주인공들의 치열한 고군분투를 그려내기도 한다. 십중팔구는 이런 구성이다. 프로그램마다 인물만 바뀌었지 그 나물에 그 밥, 죄다 똑같은 그림처럼 보여도 사실 현미경을 들이대고 뜯어보면 콘셉트는 다 다르다.

절친끼리의 진한 우정이 뚝뚝 묻어나는 힐링 여행이든, 한없이 어색할 줄만 알았던 부자지간의 서툰 여행이든, 아니면 오지에서의 좌충우돌을 그린 탐험 여행이든, 여행 프로그램에는 플롯을 끌어가는 하나의 큰 줄기, 콘셉트라는 게 있다. 난데없이 이 얘기를 꺼낸 이유는, 우리의 여행에도 콘셉트가 필요하다는 걸 이야기하고 싶어서다.

"아니, 내가 로드무비 찍는 것도 아닌데 뭔 콘셉트 타령이냐!"

물론 이렇게 반문하실 수 있다. 하지만 콘셉트 제대로 안 잡고 프로그램을 제작하다 보면 구성도 중구난방 되기 십상, 시청자 게시판에 전파낭비라고 악플 달리는 건 시간문제다. 한마디로 졸작이 되는 거다. 같은 원리로, 콘셉트 없는 여행을 다녀오고 나면 악플보다 치명적인 시간낭비라는 데미지를 입게 될 수도 있다. 남는 거라고는 피로 누적과 흔해빠진 인증샷 뿐이라면 너무 서글프지 않을까.

6개월이나 1년쯤 남미일주나 시베리아 횡단 계획을 잡았다면야 논외로 치겠다. 오랜 여행시간이 주는 중량감 자체로 훌륭한 콘셉트가 되기 때문에, 여행지에서 무사히 돌아오기만 해도 의미 있는 여행이 될 테니 말이다. 하지만 평범한 직장 생활을 하는 자가 누릴 수 있는 여행이란 단기 또는 길어야 중단기니, 짧은 기간에 가치를 불어넣어 줄 적당한 콘셉트를 정하도록 하자.

서울 소재 모 대기업에서 과장으로 근무 중인 마흔한 살의 까칠한 싱글남 A가 있다. 평생 여자와의 교제가 3개월을 넘긴 적이 없고, 여자 입에서 결혼 얘기라도 나올라치면 잠수를 타버리는 비범한 성품의 남자다. 탄탄한 직장에 미혼 신분이다 보니 경제적으로 여유가 많아 직장생활 틈틈이 단기 여행을 즐겨 도쿄만 무려 여덟 번을 다녀왔다고 한다. 그 정도면 도쿄쯤은 제 집 안방처럼 속속들이 사정을 알겠거니 생각하겠지만, 천만의 말씀이다. 도쿄를 가긴 가되 늘 무계획으로 가는 터라 도쿄 땅 밟는 시간보다 호텔방 안에 머무는 시간이 많고, 발에 차이는 게 100년 전통인 식도락의 천국에서 맥도날드 빅맥이나 먹고 오는 괴상한 여행법을 구사하고 있었다(이런 사람을 보면 속이 답답해서 직접 가이드라도 해주고 싶다). 그가 도쿄에 자주 가는 이유는 엔화 소비로 일본 경제에 작은 보탬이 되고자 하는 마음 때문인 걸까? 당연히 일본행 비행기를 여덟 번이나 탄 그에게 도쿄에 대한 이렇다 할 감흥이란 게 있을 리 없다. 이런 케이스가 바로 콘셉트 부재에서 오는 대참사라 할 수 있다. 이런 사람들의 특징은, 대개 자기가 뭘 해야 행복한지를 모른다는 거다.

자, 그럼 어떤 콘셉트를 잡아야 할까. 꽃꽂이 같은 정적인 취미를 둔 사람의 여행과 스포츠광인 역동적인 사람의 여행이 같을 수는 없다. 일단 여행 콘셉트를 잡으려면 자신의 성향부터 알아야 한다. 내가 좋아하는 게 뭔지, 평소에 관심을 두는 게 무엇인지를 파악하자.

런던 웨스트엔드에 가서 뜨는 뮤지컬을 모조리 섭렵하고 오겠다든지, 벨기에에 가서 500종 이상의 맥주 중에 단 5퍼센트라도 맛을 보겠다든지, 런던의 클럽 문화에 흠뻑 젖어보고 싶다든지, 아니면 딱 한 놈만 걸려라 하고 남자친구를 만들어 오겠다든지, 이도 저도 아니면 주구장창 쇼핑몰 투어만 하며 왕창 지르고 오겠다든지. 사실 내 취향을 알면 여행 콘셉트 잡는 것쯤은 일사천리다. 여행의 콘셉트를 제대로 설정하면 적절한 예산도 짤 수 있고, 캐리어에 들어갈 준비물이며 하다못해 힐을 가져갈 건지 스니커즈를 가져갈 건지도 결정할 수 있다.

한때 인천공항 청사만 봐도 설레고 비행기 창가 자리에 앉는 것만으로도 모든 걸 다 이룬 것처럼 만족할 때가 있었으나, 그런 1차원적인 행복감은 첫 비행, 첫 여행으로도 충분하다. '어떻게든 되겠지'하고 여행을 떠나면 뭐 어떻게든 밥 먹고 잠이야 자겠지만, 돌아왔을 때 밀려오는 허망함은 감당하기 힘들다. 금쪽같은 시간, 피 같은 돈 낭비는 10원어치도 하기 싫고, 짧은 여행이지만 내 인생의 유의미한 시간

으로 만들어보고 싶다면 부디 콘셉트부터 정하시길 바란다. 이왕이면

죽여주는 콘셉트로 말이다.

Episode 1.
해외 촬영 뒷담화

방송국 밥 먹는 사람들에게는 로망이 몇 가지 있다. 하나는 이 바닥에 오래 있다 보면 언젠가는 내가 동경해마지 않던 스타와 제작진 대 출연자의 관계로 대면할 수 있을 거라는 야무진 꿈. 나의 방송계 입문 역시 학창시절의 우상인 서태지 때문인데, MBC 스튜디오에서 컴백 공연을 할 때마다 먼발치에서나마 몇 번 아이컨택 했으니(그렇게 믿고 싶다) 뭐, 절반쯤은 이룬 셈이라고 해두자. 또 다른 로망은 해외 촬영이 있는 프로그램을 맡는 것이다. 돈도 벌고 덤으로 공짜 여행까지 할 수 있으니, 도랑치고 가재 잡는 격이다.

이런 두 가지 선택지 중 어떤 옵션이 더 탐나느냐 묻는다면, 당연히 후자다. 전자보다 현실 가능성도 높거니와 효용성 면에서도 우위를 차지하기 때문이다. 특히 여행 경비 벌려고 방송하냐는 소리를 듣는 나의 입장에서 판단하건대, 해외 촬영은 더 없이 감사한 기회다.

여기서 잠깐! 방송의 해외 촬영 방식을 간략하게 설명하고 넘어가 보자. 해외 촬영의 제작 방식은 크게 세 가지로 나뉜다. 협찬사로부터 제작비 전체를 지원받는 경우, 관광청에서 항공권이나 호텔 숙박권 등을 현물로 협찬받는 경우, 또 하나는 자체 제작비로 충당하는 경우다. 제작비 자체를 지원받으면 촬영 예산도 유연하게 계획할 수 있고 심지어 남은 예산은 제작사의 이윤으로 돌릴 수 있어 최상의 조건이다. 항공권과 숙박, 식대 등 각종 경비를 제공받는 경우는 제작비를 남길 수 없다는 단점은 있지만, 제작진 입장에서는 하등 나쁠 게 없다. 예산이 남았다고 내 주머니에 들어오는 것도 아니니 말이다. 쩝.

그런데, 자체 제작비로 해외 촬영을 가면 허리띠를 바짝 졸라매야 하기 때문에, 제작비가 부족한 교양 프로그램은 PD 혼자 6밀리미터 카메라 들고 현지 코디와 둘이서 다 말아오는 일이 다반사다. 제작환경이 아주 열악하기 짝이 없다. KBS 간판 교양 프로그램이었던 〈VJ 특공대〉를 진행할 때가 딱 그랬다. '중국의 별별 직업 천태만상' 류의 해외 아이템이 인기를 끌 때가 있었다. 아시아 곳곳에서 벌어지는 이색 현장을 잡으려고 제작사마다 경쟁적으로 해외로 출동했는데, 워낙에 빠듯한 예산으로 진행하던 터라 담당 작가가 항공권 협찬이라도 따오면 쾌재를 부르곤 했다(방송작가가 글만 쓴다고 생각하면 오산이다. 때론 발로 뛰며 영업전선에도 뛰어든다).

본론으로 돌아와서, 나는 패션 매거진 프로그램인 〈토크앤시티〉를 진행할 때 첫 해외 촬영을 떠났다. 일본에서 시장점유율 1위를 자랑하는 한 메이저 화장품 브랜드가 제작비 전액을 지원해 도쿄 올로케 촬영이 성사된 거다. 취업계를 내고 방송계에 입문한 어린 막내작가는 난생 처음 여권이란 걸 신청했다며 달뜬 표정이었다. 하지만 그때 우리는, 해외 촬영의 경험이 전무했던 우리는, 현실을 몰라도 너무 몰랐다.

촬영 중간에 개인 시간이 생기면 시부야의 중고 명품숍에 들러 쇼핑도 하고 허름한 이자카야에서 나마비루(생맥주)도 한 잔 마시겠다는 야심찬 계획을 세웠더랬다. 꿈도 야무졌다. 결론부터 말하자면, 나의 소망은 촬영 첫날부터 무참히 깨지고 말았다. 체류하는 3박 4일 동안 60분짜리 방송 2회 분량을 뽑다보니 카메라를 풀로 돌려야만 했다. 시부야며 롯폰기의 소문난 편집숍부터 맛집에 이르기까지 두루 섭렵하는 건 물론, 혹시 분량이 부족할까 싶어 우리나라의 인천 격인 요코하마까지 가서 반나절을 더 찍었다. 놀랍게도 이게 하루 일정이다.

촬영 장소를 옮길 때도 다음 촬영지에 출연자들보다 미리 도착해 상황을 살펴야 하니 브레이크 타임은 개뿔, 식사나 제때 하면 다행이었다. 또 한국에서처럼 '오늘 못 찍은 건 내일 보충 촬영하면 되지 뭐'

하고 태평할 수 없는 노릇이라, 놓치는 그림이 없도록 정신 바짝 차려야 한다. 게다가 일본 스태프들의 마인드는 우리와 달리 엄격하기가 칼이라, 휘뚜루마뚜루가 안 통한다. 한 순간도 긴장감을 늦출 수가 없었다.

촬영을 마친 늦은 밤에라도 개인 활동을 하면 되지 않냐 생각하겠지만, 자유시간 따위 없다. 출연자들이 휴식을 취하는 동안 제작진들은 다음 날 촬영 내용 회의를 해야 하니, 평균 수면시간은 고작 세네 시간에 불과하다. 결국 죽어라 촬영만 하다 오게 되는 거다. 그때 고생한 거 생각하면 지금도 눈물이 앞을 가린다.

방송계 선후배들과 해외 촬영 애기를 하다보면 별의 별 에피소드가 쏟아진다. 전대미문의 막장 드라마가 촬영장에서 연출되기 때문이다. 모 여배우와 해외 촬영을 갔던 한 후배 작가는 경악을 금치 못할 경험담을 쏟아냈다. 택시로 이동 중이던 그녀가 실수로 개인 소장 카메라를 두고 내렸는데, 결국 제작진이 총 동원돼 택시 회사란 회사에는 다 전화를 걸어 수소문한 끝에 카메라를 찾을 수 있었다고 한다. 본인의 부주의 때문에 제작진만 개고생 시킨 거다.

또 다른 피디 역시 여자 연예인 B와 촬영차 홍콩에 갔는데, 그녀가 촬영만 끝나면 클럽을 드나드는 바람에 다음 촬영에 지장이 생길까 매일 밤 가슴을 졸였다고 한다. 한 후배 작가는 리조트에서 협찬을 받아 유명 연예인과 동남아로 촬영을 갔는데, 리조트 대표가 기념 사진

한 번 찍고 싶어 체면불구하고 부탁을 하는데도 어찌나 도도하신지, 코빼기도 안보여주더란 거다. 행여 빈정 상한 대표가 홧김에 촬영을 엎을까 싶어 제작진 일동은 진땀을 흘렸다고 한다. 이런 얘기 시작하면 한도 끝도 없다.

역시 돈도 벌고 덤으로 여행도 한다는 이상적인 이야기는 동화 속에서나 가능한 거였다. 내가 어리석어도 한참은 어리석었다. 이쯤 되면, 남의 속도 모르고 "연예인이랑 여행도 하고 돈도 벌고, 신선놀음이 따로 없네" 하는 소리, 쏙 들어갈 거다. 방송가의 씁쓸한 이면에 실망한 분들이 있으시다면 유감스러울 따름이다. 역시 여행은 내 돈 주고 가는 게 속 편하다. 그게 진리다.

Level 2: [이론편]
여행 준비 단계의
필살 기술

가이드북에만
의존하지
말자

오해하실까봐 미리 말씀드리겠다. 가이드북을 폄하하거나 그 존재를 부정한다는 얘기는 절대 아니다. 나 역시 평소 가이드북 네다섯 권쯤 은 기본으로 섭렵하고 심지어 고시생cjfja 주요 포인트에 밑줄 그어가 며 탐독하는 스타일이다. 내 취향과 궁합이 맞는 가이드북은 현지 가 이드 열 명 못지 않은 능력을 발휘하기도 하니, 충분히 일용할 정보가 된다. 여기서 방점은 '에만'에 있다. '가이드북에만' 말이다.

　가이드북의 미덕은 책 한 권만 봐도 그 도시의 어지간한 건 다 파 악할 수 있게 친절하다는 점에 있지만, 때로는 그 친절함이 독이 되기도 한다. 왜냐! 가이드북이 인도하는 대로만 따르다 보면 붕어빵 찍어 내듯 개성 없는 여행이 되기 쉽기 때문이다. '딱 남들만큼만 여행하는 게 내 신조다'라고 한다면 할 말은 없지만, 그렇지 않다면 가이드북의 존병에서 과감하게 벗어나보자.

가이드북 맹신에서 탈피해서 도대체 뭘 하라는 거냐고? 워워, 성급할 것 없다. 이제부터 설명할테니. 바로, 여행 계획표를 세울 때 방문 예정인 도시의 각종 홈페이지를 체크하는 것이다.

여행할 도시의 홈페이지를 공략하라!

토익점수가 비루해 영문 홈페이지에 알레르기 증상을 일으키는 분일지라도 좌절할 것 없다. 구글 번역기이라는 멋진 툴이 있지 않은가. 사실 굳이 번역기를 돌리지 않아도, 중학교 영어수업 시간에 졸지만 않았어도 대충 의미를 파악할 수 있는 수준이니 섣불리 걱정하지 마시길 바란다.

뉴욕의 브라이언트 파크를 예로 들어보겠다. 뉴욕편 가이드북을 살펴보면 유명 관광지인 센트럴파크에 대한 정보는 몇 페이지를 할애해 규모부터 역사까지 세세하게 설명하고 있다. 반면, 브라이언트 파크는 한쪽 귀퉁이를 겨우 차지할 정도로 존재감이 없다. 알고 보면 도심 속 오아시스로서 뉴요커의 무한 애정을 독차지하고 있지만, 센트럴파크의 위세에 밀려 이 짝이 난 거다. 가이드북에만 의지해 여행 계획표를 세운다면 가볍게 패스한다 해도 전혀 이상할 게 없을 정도다.

그런데 브라이언트 파크 공식 홈페이지에 들어가 보면 사정이 180도로 달라진다. 누구라도 노다지를 발견한 심정이 될 거다. 뉴욕 여행한 달 전부터 매일같이 접속해 눈에 불을 켜고 스캔을 했는데, 그렇게 해서 얻은 정보가 한 트럭이다. 6월 중순부터 두 달간 잔디밭 영화제가 열린다는 것, 요일에 따라 무료 외국어 강습과 요가 클래스가 진행된다는 정보는 가이드북 어디에도 없는 꿀정보였다. 특히 요가 클래스는 홈페이지에서 사전 예약을 받고 있어 모르고 갔으면 놓치기 딱 쉬운 고급 정보였다. 게다가 홈페이지에 새로운 소식이 매일매일 업데이트되기 때문에, 1년에 한 번 출간되는 가이드북과는 신속성 면에서 엄청난 경쟁력이 있다.

뻣뻣하기가 나무 막대기 저리가라 수준인 나지만, 틈날 때마다 요가 학원을 다녔던 터라 뉴욕에서의 요가 수업에 유난히 관심이 갔다. 꼭두새벽부터 서둘러 브라이언트 파크로 출동했는데, 뉴요커에게 요가 붐이 한창이었는지 매트 차지하는 것도 경쟁이었다. 미리 예약을 해둔 덕에 명당자리를 하나 차지하고 수업에 참여했는데, 그 순간만큼은 스쳐 지나가는 관광객이 아닌 뉴요커가 된 기분이었다. 심지어 요가 수업 참가자 전원에게 쿠폰을 나눠줬는데, 공개 클래스에 열두 번 참가하면 25달러 상당의 선물과 함께 유니언스퀘어에 있는 스튜디

오에서 정규 수업을 받을 수 있는 혜택까지 주는 왕대박 쿠폰이었다.

만약 가이드북에만 의존했다면 브라이언트 파크는 그저 동네 공원 정도로 기억되거나 스쳐 지나갔을지도 모른다. 여행 계획을 세울 때 방문지의 홈페이지를 열어보는 작은 수고로움은 때로는 예상치 못한 경험을 선물하기도 한다. 그러니 홈페이지 체크를 게을리 하지 말고 부지런히 열어보시길 바란다.

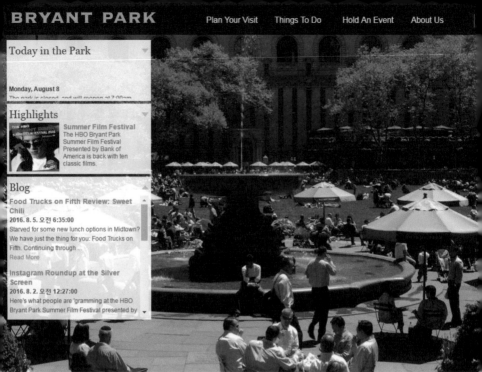

Plan Your Visit   Things To Do   Hold An Event   About Us

Today in the Park

Monday, August 8
The park is closed, and will reopen at 7:00am

Highlights

Summer Film Festival
The HBO Bryant Park
Summer Film Festival
Presented by Bank of
America is back with ten
classic films.

Blog

Food Trucks on Fifth Review: Sweet Chili
2016. 8. 5. 오전 6:35:00
Starved for some new lunch options in Midtown?
We have just the thing for you: Food Trucks on
Fifth. Continuing through ...
Read More

Instagram Roundup at the Silver Screen
2016. 8. 2. 오전 12:27:00
Here's what people are 'gramming at the HBO
Bryant Park Summer Film Festival presented by

▶ http://www.bryantpark.org/

뉴욕여행을 계획하며 뻔질나게 드나들었던 브라이언트 파크 홈페이지.

영화제, 공개 요가 클래스, 저글링 행사 등 매일 업데이트 되는 각종 정보 덕분

에 여행 계획을 세울 때 가장 유용하게 활용했다.

공짜 정보 천국 관광청을 활용하라

이 시점에서 누군가는 여행 초심자에게는 오히려 필수 관광지나 맛집

정보가 더 절실하다고 주장할 거다. 여행이 익숙치않다면 큰 틀에서 여행을 설계할 수 있는 가이드북이 필요한 거, 맞다. 인정한다. 그럼 이쯤에서 가이드북 살 돈 아끼는 노하우를 공개하도록 하겠다. 바로, 관광청과 친해지는 거다.

일반적으로 가이드북은 뉴욕이나 도쿄처럼 큰 규모의 도시가 아닌 이상 주변 도시까지 살뜰하게 패키지로 묶어 만드는 경우가 대부분이다. 때문에, 값비싼 가이드북을 살 때면 나에게 필요한 도시 파트만 살짝 도려내 그 값만 치르고 싶은 게 솔직한 심정이다. 한 푼이 아쉬운 여행자라면 누구나 동감할 터! 그렇다면, 부디 관광청을 활용하시길 바란다.

관광청에서는 도시를 홍보하려고 드라마나 예능에 촬영협조를 하는 등 대형 프로젝트도 진행하지만, 우리 같은 개미 여행자를 위한 지원도 아낌없이 하고 있다. 대표적인 게 바로바로 관광청에서 무료로 제공하는 가이드북이다. 잊지 말고 꼭 활용하도록 하자. 관광청이 존재하는 이유가 전세계 관광객을 도시로 유혹하는 호객에 있는데, 가이드북이야 어련히 잘 만들었겠는가.

물론 고급스럽게 편집된 가이드북에 비하면 비주얼 면에서 살짝 떨어지긴 하나, 그 도시의 역사부터 교통편은 물론 주요 관광명소, 맛집, 숙소까지 가이드북 본연의 기능은 전혀 모자람이 없을 만큼 훌륭하다. 관광청표 가이드북은 대개 직접 방문하면 공짜, 공사다망한 바쁜 분들을 위해서는 배송비 3천 원에 모시고 있으니 경제성 면에서도 탁월하다. 나 역시 홍콩 마카오 여행 때 관광청 가이드북의 도움을 톡톡히 받았다.

▶ 홍콩 & 마카오 관광청에서 제공받은 가이드북.

착불 3천 원이면 관광명소부터 맛집 정보까지 수두룩하게 배송되는데, 알찬 내용으로 가이드북 역할을 톡톡히 해준다.

온라인 뉴스레터를 신청하라!

좀 더 최신 정보가 필요하다면 관광청 사이트에 가입해 홍보용 메일을 받아보는 방법이 있다. 나는 하와이 여행을 앞두고 하와이 관광청에 회원가입을 해두었는데, 가이드북은 물론 블로그에도 없는 최신 고급정보가 지금까지도 메일로 오고 있다. 이를테면, 와이키키 해변이 한눈에 보이는 쉐라톤 와이키키의 오션 프론트바가 얼마 전 새롭게 단장을 마쳐 매일 오후 3~5시 해피아워 시간이면 모든 주류를 5~7달러에 마실 수 있다는 류의 생생한 뉴스가, 손가락 하나 까딱하지 않아도 제 발로 굴러들어온다. 이런 최신 뉴스를 도대체 어디서 얻을 수 있다는 말인가. 현지에 살고 있는, 그것도 정보에 도통한 지인이 있지 않는 이상, 거의 불가능하다고 본다.

물론 가이드북도 저자들이 피고름으로 집필한 멋진 지침서이지만, 속보성 면에서는 현지에서 실시간으로 공수되는 정보만 못하다는 사실, 부정할 수 없는 엄연한 팩트다.

Episode 2.
작전명, FREE ALOHA~

솔직히 이건 좀 아니라고 생각했다. 많은 도시 중에 하필 나는 왜 하와이에 꽂힌 걸까. 매년 신혼 여행지 선호도 상위권에 랭크되는 그 하와이에 말이다. 30대 중반의 싱글녀가 혼자 와이키키 해변을 걷는다고 생각하면, 역시나 청승맞다. '신혼여행 때나 가지 뭐' 하고 포기하는 방향으로 가닥을 잡아가던 찰나, 급작스럽게 생각을 고쳐먹었다.

'언제 갈지 모를 신혼여행 핑계대다 쭈글쭈글해지느니, 피부 탄력이 그나마 버텨줄 때 와이키키에서 비키니 한 번 입어보는 게 낫지 않을까?'

여기에 생각이 미치자, 신혼여행지고 뭐고는 전혀 고민할 사안이

아님을 깨달았다. 원효대사 해골물에 버금가는 깊은 통찰 아닌가. 이
왕 가는 거 남이야 허니문을 즐기든 말든, 눈치 보지 말고 원 없이 누
리자 싶었다. 하지만 당시는 백수 생활 3개월 차라, 신혼부부처럼 돈
지랄 할 여윳돈 따위는 없었다. 그래서 세운 전략이 'FREE ALOHA'
다. 공짜로 하와이를 즐기겠다는 굳은 의지의 발현이라고나 할까. 그
것도 제대로 하와이 스타일로 말이다.

　문제가 있다면 '하와이'라는 점이다. 연간 800만 명 이상의 관광객
이 찾는 지상최고의 휴양지라 물가가 말도 못하게 살벌하다. 생크림

만 겨우 토핑된 얄궂은 팬케이크에 주스 한 잔 주고 무려 2만 원 돈이나 받는다. 날강도가 따로 없다. 이 비싼 도시에서 대체 무슨 재주로 공짜 여행을 할까 의문스럽겠지만, 식대를 제외하고는 지출한 돈이 거의 없으니 믿어주시라.

방법은 이러하다. 하와이하면 연상되는 키워드부터 정리해봤다. 와이키키 해변, 서핑보드, 비키니, 훌라춤, 우쿨렐레, 〈무한도전〉으로 유명세를 탄 초대형 팬케이크 등. 지금 언급된 것 중 몇 개만 섭렵해도 남부럽지 않은 하와이 100배 즐기기가 완성될 터였다. 그래서, 뒤졌다. 그것도 샅샅이! 방송작가 특유의 서치 실력을 발휘해 관련 검색어로 하와이의 각종 홈페이지를 수색했다. 여행 경비 아껴보자는 의지로 직업혼을 아주 활활 불살랐다.

지성이면 감천이랬다. 어디 뭐 좋은 거 없나하고 기웃거리던 차에, 구세주처럼 '로열 하와이안 센터'가 후광을 발산하며 등장했다. 순간, 베토벤 9번 교향곡 〈환희의 송가〉가 BGM으로 깔리면서 "예스!" 하고 탄성이 자동 발사됐다(다 이유 있는 호들갑이니 양해해주시길). '로열 하와이안 센터'는 쇼핑도 하고 식사도 해결할 수 있는 초대형 복합쇼핑센터로, 내가 주목한 건 하와이 전통문화를 가르쳐주는 '프리 클래스'였다. 어쩐지 고급스러운 이름부터 딱 내 스타일이다 싶었는데 내 주머니 사정까지 배려해주다니, 하와이에 대한 호감도가 수직상승 했음은 당연하다.

로열 하와이안 센터에서는 하와이안 퀼트, 환영식에 등장하는 꽃목걸이인 '레이' 만들기 등 요일별로 다양한 커리큘럼을 진행하고 있었는데, 나는 우쿨렐레 연주와 훌라춤이 욕심이 났다. 내 평생 언제 하와이에서 훌라춤 춰보겠냐는 심정으로, 얼굴에 철판 한 장을 살포시 얹고 수업에 참가했다. 민망스럽게도 야외 광장에서 진행되어 망설여졌지만, 막상 시도해보니 이거 생각보다 정말 흥이 나는 거다. 족히 30년은 훌라춤을 춘듯한 후덕한 외모의 선생님이 단상에 올라 시범을 보이는데, 제대로 흉내 내는 사람은 없지만 참가자들의 표정이 다들 너무나 평화로웠다.

훌라춤 클래스는 딱히 인원 제한이 없었던 반면, 우쿨렐레는 스피드를 발휘해야 했다. 악기는 무료로 제공되지만 개수가 한정돼 있어 늦게 오면 얄짤없이 돌려보낸다. 무조건 서둘러야 한다. 선착순 20명으로 인원 제한을 두는데, 수업 시작할 즈음에 왔다 되돌아간 사람이 꽤 될 정도로 인기 절정이다.

코드 네다섯 개만 익히면 되는 낮은 난이도의 곡으로 수업을 시작했다. 몇 번 버벅대다 보면 신기하게도 곡 하나가 뚝딱 연주된다. 어느 정도 연주가 된다 싶으면 선생님이 가사를 얹어 노래까지 가르쳐주는데, 이게 또 예술이다. 일흔은 넘어 보이는 할머니의 입에서 흘러나오는 음률에는 하와이 특유의 나른함이 잔뜩 묻어있다. 거짓말 조금 보태, 수면제 탄 자장가처럼 한가롭다.

　하와이 ABC마트의 음반 코너를 보면 'IZ(우쿨렐레 연주자이며 국민가수)'의 앨범이 절반가량을 차지할 정도로 수두룩하다. 우쿨렐레의 매력을 알기 전까진 아웃오브안중이었는데, 악기를 배우고 악기의 매력에 빠진 뒤로는 상황이 완전히 달라졌다. 한국으로 돌아가는 비행기 안에서 IZ의 곡을 한 치의 지루함 없이 몇 시간이고 들었다(나중에 안 사실인데, IZ가 우쿨렐레 연주를 하며 부른 '오버 더 레인보우'는 미국과 유럽의 영화, 광고 등에 100차례 넘게 삽입된 국민가요란다). 우쿨렐레 연주를 직접 해보지 않았다면 절대 알지 못했을 하와이 음악의 감미로움에 젖어서 말이다.

신혼부부처럼 고급 풀장 딸린 호텔에 묵지도 않았고, 호사스러운 크루즈도 한 번 탄 적 없지만, 이쯤 되면 전혀 부러울 게 없다. '로열 하와이안 센터' 덕에 하와이의 매력을 피부로 느꼈다. 비록 싸구려 호스텔에서 묵었지만 공짜로 대여해준 부기보드 덕에 와이키키 앞바다를 개인 풀장 못지않게 누릴 만큼 누렸다. 하와이에 대한 아쉬움 따위 10원어치도 없다. 오히려 '나만큼만 해보라지'하고 의기양양할 뿐!

착한 티켓을
'겟'하라

결국 공항에서 시작해 공항으로 끝나는 여행. 그렇다면, 여행을 준비하는 단계에서 가장 심혈을 기울여야 하는 게 뭐라고 생각하시는가. 바로 여행의 알파요, 오메가가 되는 항공권 되시겠다. 여행 경비에서 가장 큰 비중을 차지하기도 하거니와 말 그대로 여행의 시작과 끝을 맺어주는 항공권은 여행의 성패를 좌우하는 중요한 열쇠가 되곤 한다. 부디 우리, 착한 항공권을 '겟'하도록 하자.

그렇다면 착한 항공권이란 무엇일까! 남자들은 흔히 나이는 어린데 몸매는 청순글래머요, 태생이 금수저라 재력까지 빵빵한 여자를 일컬어 '착. 한. 여. 자'라고 한다. 마찬가지로 가격은 저렴한데, 비행

스케줄은 환상이고, 스톱오버까지 예술인, 즉 3박자를 고루 만족시키는 항공권을 나는 '착한 티켓'이라 명하도록 하겠다.

틈만 났다하면 무던히도 짐을 싸서 출국장으로 향하던 나지만, 아이러니하게도 마일리지 점수는 아주 형편없다. 게을러서 적립을 안 했거나 마일리지쯤은 우습게 여겨 남한테 양도한 게 아니라, 애석하게도 쌓을 게 없어서 그런 거다. 왜냐, 같은 항공사를 이용한 경험이 거의 전무하기 때문이다. 늘 가장 싼 티켓을 구해야 직성이 풀리는 터라 그깟 마일리지 욕심은 애저녁에 버린 지 오래였다. 그 덕에 대만항공, 중화항공, 캐세이퍼시픽, 일본항공, 캄보디아 항공에 이르기까지 의도치 않게 다양한 나라의 항공사를 선호하는 글로벌한 여자가 되어버렸다. 착한 항공권이 갖춰야 할 최고의 미덕은 역시, 경제성에 있다.

'손품' 팔기를 게을리 하지 말자

항공권이라는 게 냉장고나 밥솥처럼 정찰제로 판매되는 게 아닌지라, 수요와 공급의 시장원리에 따라 가격이 오르락내리락하는 속성이 있다는 건 누구나 잘 알고 있을 거다. 당연히 모든 여행자의 촉각은 '어떻게 하면 내 주머니에서 돈이 좀 덜 나갈까'에 집중된다. 그럼 가장 저렴한 티켓을 파는 여행사만 발견하면 게임 끝이겠다 싶겠지만, 세상에 그런 게 있을 리 없다. 날로 먹을 생각일랑 고이 접어두시길 바란다.

 이름 석자만 대면 누구나 아는 대형 여행사의 해외파트에서 근무했던 후배작가의 친언니가 있다. 유럽이며 아메리카 대륙으로 1년씩 세계 여행을 즐기더니, 기어이 취미를 직업으로 만든 상당히 모범적인 케이스다(하지만, 이상과 다른 여행사의 현실과 지독한 정신노동에 학을 떼고는 1년 만에 퇴사했다고 한다). 그녀 말에 따르면 여행사는 항공권으로 수익을 남기는 구조가 아니란다. 여행사 입장에서 항공권은 절대 남는 장사가 아니며, 그저 서비스 차원에서 제공한다는 거다. 여행사 직원 역시도 티켓 가격면에서는 일반 고객들과 전혀 다를 게 없는 조건인 셈이다. 그녀에게 여행사 직원으로서 가장 저렴한 항공권을 사는 팁을 공개해달라고 했더니, 뾰족한 묘수는 없다며 "무조건 인터넷을 뒤져야 돼"라는 말을 마지막으로 남겼다. 그렇다. 최저가에 도전하기 위해, 우리는 뒤져야만 한다.

 보통 장거리 항공권의 경우 발권 90일에서 120일 전, 단거리 항공권의 경우 발권 90일에서 60일 전에 얼리버드 티켓이 풀리기 때문에, 3~4개월 전에 티켓을 구입하는 게 가장 저렴하게 살 수 있는 일반적인 방법이다. 또, 항공권은 같은 좌석이라 할지라도 여행사마다 제시하는 가격이 조금씩 차이가 나므로 여러 판매 사이트에 수시로 접속해 가격을 비교하는 수밖에 없다. 한국인 특유의 은근과 끈기를 발휘해 '손품'을 팔아야 할 시점이다.

단, 티켓을 구입할 때는 반드시 환불규정을 잘 확인해야 하는데, 그래야만 좀 더 착한 티켓을 포착했을 때 한 푼의 손해 없이 안전하게 갈아탈 수 있다. 앞뒤 안 가리고 결제했는데 다음날 더 싼 티켓이 짠하고 나타나면, 사람 환장한다. 피눈물을 머금고 못 본 척 할 수밖에.

한 번은 뉴욕에서 일본을 거쳐 한국으로 돌아오는 비행기에서 옆자리에 앉은 처자와 간단한 대화를 나눌 기회가 있었다. 몇 마디 오간 끝에 그녀가 나보다 8만 원가량 저렴하게 티켓을 구입했다는 사실을 알게 됐고, 순간 뭔가 진 것 같아 억울한 심정마저 들었던 기억이 난다('자리는 같아도 가격은 다르다'라는 광고 카피를 기억하시는가. 딱 내 상황이 광고로 나온 적이 있다). 이런 저렴이 티켓을 쟁취하려면 손가락에 땀이 찰 정도로 손품을 팔아야 하므로 결국 착한 항공권을 얻는 자는 똑똑한 사람이 아니라 부지런한 사람이다.

그거 뭐 좀스럽게 몇만 원 아끼려고 그 고생을 하나 싶겠지만, 사회에서의 만 원과 여행지에서의 만 원의 가치는 천지차이다. 일상에서야 누구 커피 한 잔 사주고 밥 한 끼 대접하는 게 대수롭지 않지만, 여행지에서는 한정된 예산으로 일정을 소화해야 하기 때문에 만 원 한 장이 아쉬울 때가 아주 많다. 항공권처럼 아낄 수 있는 부분에서 최대한 아끼고 여행지에서 여유롭게 쓰자는 게 내 지론이다.

그렇다면 싼 티켓이 무조건 옳으냐 묻는다면, 또 그렇지만은 않다는 게 내 대답이다. 실컷 저렴이가 진리네 해놓고 이제 와서 딴 소리냐

하실 텐데, 비행 스케줄이 나쁘다면 아무리 가격대가 저렴해도 칭찬
해줄 수가 없다. 현지 도착시간이 오후 다섯 시만 넘어가도 수속 밟고
공항 빠져나와 숙소에 도착하면 저녁 한 끼 겨우 먹고 잠들기 바쁘다.
결국 아까운 숙박비만 날리고 하루를 버리게 되는 셈이니, 반드시 도
착 시간을 확인하고 결정하시라.

그런데 예외가 있다. 간혹 말도 안 되게 싼 티켓이 시장에 나오기도
하는데, 바로 땡처리 티켓이다. 보통 여행사에서 패키지여행용으로
대량 구매 했다가 날짜가 임박해도 완판되지 않으면 항공권만 헐값에
시장에 내놓는, 이것이 바로 땡처리 티켓의 탄생 비밀이다. 얼리버드
와는 비교도 안 될 정도의 초특가로 가격이 책정되기 때문에, 나의 경
우 이런 행운과 맞닥뜨리면 일단 충동구매를 한다.

몇 해 전, 평소와 다름없이 노트북 앞에 앉아 방송 아이템 서치와 인
터넷 서핑을 동시다발적으로 하던 중, 단돈 75만 원에 모시는 파리행
항공권을 발견했다. 상식을 파괴하는 가격에 즉각 예약을 걸었고, 티
켓 날짜에 맞춰 예정에도 없던 유럽 여행을 떠난 적이 있다. 이럴 때는
앞뒤 가리지 않는 과감한 결단력이 필요하다. 유효기간 한 달을 꽉 채
운 75만 원짜리 유럽 여행, 이거 남는 장사다.

① 해외 항공권 가격 비교 사이트에서 비교하기!

- 가장 기본적인 방법. 특히 <스카이스캐너>는 도착지 '모든 곳' 기능과 출발일의 '가장 저렴한 달' 기능이 있어 어디를 가야할지 목적지는 정하지 못했지만 무조건 저렴한 티켓을 원할 때 유용하다.

② 여행사 사이트마다 '즐겨찾기' 설정하자!

- 수시로 들어가 직접 가격을 비교한다. 원시적이지만 좋은 항공권을 구하는 최고의 방법이다. 개인적인 경험으로는 <인터파크투어>가 성공률이 높다.

③ '여행 카페'에 가입하자!

- 보통 카페에는 「항공권 얼마에 샀다」 코너가 있는데, 여행고수들이 손품 팔아 어렵게 구한 정보라 내 수고를 덜 수 있다. 단, 서두르지 않으면 당연히 내 몫은 없다.

④ 파격적인 가격의 '땡처리 항공권'이 뜬다면, 일단 지르고 보자.

- 땡처리 항공권은 출발 일자에 임박해 판매되지만 가격 경쟁력 때문에 몇 시간 안에 마감되는 경우가 많다. 고로 과감한 결단력이 요구된다.

....

  합리적인 가격대만큼이나 강력한 착한 항공권의 조건이 있다. 일명 단기 체류, 바로 '스톱오버stopover'다. 장거리 여행을 할 때 직항으로 가는 국적기보다 다른 도시를 경유하는 외국 항공사를 이용하는 게 가격 면에서 훨씬 유리하다는 것쯤은 다 아실 터. 어차피 한 번 거쳐 가야 한다면 경유 도시를 최대한 활용하도록 하자.

1+1의 보너스 여행, 스톱오버를 놓치지 마라

그렇다고 모든 경유지마다 살뜰하게 땅을 밟아줄 필요는 없다. 목적지를 여행하기도 전에 힘만 빠질 수도 있으니. 비싼 항공권 본전 뽑겠다고 욕심부리다가 자칫 귀한 여행을 망칠 수도 있다. 그러니 스톱오버를 할까 말까 결정할 때는 두 가지 기준을 유념하는 게 좋다.

하나, 목표한 여행지와 성향이 전혀 다른 도시.

둘, 앞으로 내 돈 주고 따로 갈 것 같지 않지만 한 번쯤은 가보고 싶은 도시.

그래야 만족스러운 스톱오버 여행을 할 수 있다. 제작년 봄, 뉴욕 여행을 앞두고 굶주린 하이에나처럼 각종 여행사 사이트에서 항공권 사냥을 하던 중이었다. 일본이나 중국, 홍콩 등을 경유하는 티켓 리스트가 줄줄이 떴지만 그다지 매력적이지 않아 고민하던 찰나, 단박에 내 시선을 사로잡은 게 있었다. 이름만 들어도 와이키키의 향기가 느껴지는 하와이안 항공! 하와이 호놀룰루 공항을 경유해 뉴욕 JFK로 향하는 항공권이 단돈 1,033,700원에 나와 있는 게 아닌가. 앞뒤 재볼 것도 없다. 이런 건 꼭 사야 한다. 관광과 휴양을 동시에 즐길 수 있는데다, 100만 원 남짓한 돈으로 뉴욕에 하와이까지 경험할 수 있는 절호의 찬스니 말이다.

비록 인천에서 호놀룰루까지 열 시간, 호놀룰루에서 뉴욕까지 또 아홉 시간을 가야하는, 즉 뉴욕에 도착하는 데만 꼬박 하루가 걸리는 지옥의 스케줄이기는 하나, 돌아오는 일정에 하와이 스톱오버를 신청하면 될 일이다. 고도의 체력전이 예상되는 뉴욕 일정 후에 와이키키 해변에서 지친 육신을 쉬게 할 수 있다면 더할 나위없는 금상첨화 아닌가. 장거리 여행을 계획하고 있다면 반드시 스톱오버를 잘 활용해보시라. 1+1의 보너스는 이마트 유제품 코너에만 있는 게 아니다.

스톱오버 추천 항공

기본적으로 항공권 유효기간 내에서 스톱오버가 무료로 제공된다. 조건에 따라 특가로 나온 항공권은 추가비용이 붙기도 하니 꼭 확인하고 이용하자!

① 홍콩 & 싱가포르 항공 / 유럽노선: 스톱오버 가능 기간은 무비자로 최대 90일. 홍콩, 싱가포르는 하루 이틀 동안 둘러보기 딱 좋은 코스! 그냥 놓치기엔 아쉽다.

② 터키 항공 / 유럽노선: 역시 날짜 제한 없이 90일간 무비자로 스톱오버 가능! 아시아에서 유럽으로 가는 관문으로 여행자들이 애정하는 도시! 요즘 시국이 뒤숭숭한 게 안타까울 따름.

③ 베트남 항공 / 유럽노선: 비교적 가격이 저렴해 매력적인 유럽노선! 하노이 & 호치민에서 15일 내로 스톱오버가 되며 개인 비자 문제가 없을 경우 최대 30일까지 체류 가능! 원조 베트남 쌀국수를 맛볼 수 있는 하노이 경유 추천!

④ 아랍에미레이트 항공 / 유럽노선: 서비스 훌륭하기로 소문난 아랍에미레이트 항공! 에어버스 380기종을 경험해 볼 수 있는 절호의 기회! 일부러 두바이를 여행하기는 힘들지만 경유로 한 번 둘러보기에는 적당하다. 두바이 30일간 스톱오버 가능!

⑤ 일본 항공 / 미주노선 : 역시 특별한 기한 제한은 없다! 필자도 뉴욕행 당시 오사카를 경유한 바 있는데, 볼거리가 도톤보리에 집중된 오사카도 단기코스로

그만!

(단, 핀에어나 오스트리아 항공은 스톱오버 기한 5일)

....

경유시간이 애매하다면 무료 시티 투어!

혹자는 "스톱오버고 뭐고 난 체력이 달려서 만사가 귀찮다"할 수 있다. 하지만 섣부른 실망은 금물이다. 귀차니스트를 배려한 서비스가 있으니, 바로 '무료 시티 투어'다. 저렴한 티켓을 고르다 보면 대기 시간이 대여섯 시간, 심지어 열 시간을 넘어가는 경우가 많은데, 무료 시티 투어는 이렇게 24시간 내로 머무는 트랜짓transit 여행자에게 주어지는 깜짝 서비스다. 반나절 가량 도시를 관광할 수 있고, 심지어 무료제공이라니 인심 한 번 후하다.

이 무료 시티 투어는 터키 이스탄불, 카타르 도하, 대만 타이페이처럼 주로 환승객이 많은 공항에서 장시간 경유하는 여행자를 대상으로 제공하고 있다. 카타르 항공은 가이드북에 나오는 주요 랜드마크를 순회하는 도하 투어를 진행하는데, 공항 내에 있는 도하 시티투어 카운터에서 무료로 신청할 수가 있다. 싱가포르 창이국제공항에서는 다섯 시간 반 이상 머무르는 환승객에게 무료 투어를, 타이페이 타오위안국제공항은 여덟 시간에서 24시간동안 체류하는 여행자에게 '무료

반일 투어 서비스'를 제공한다. 이스탄불에서는 가이드에 관광지 입장권, 식사까지 무료로 제공되니 놓치기엔 너무 아깝다. 대개 선착순으로 진행되는 만큼, 시티 투어가 욕심난다면 순발력을 발휘해 보시길 바란다.

저가항공 공략법

바야흐로 저가항공 전성시대다. 하루가 멀다 하고 여행 블로그마다 저가항공 유저의 온갖 무용담이 노배되고 있다. 저가항공의 최대 미덕은 비교 불허한 파격가로, 한 번 맛들이면 웬만해선 중독성을 떨치기 어려워 알뜰 여행자들의 관심이 집중되는 대세 아이템이다. 중국, 일본, 동남아뿐 아니라 저 멀리 북태평양에 붙어 있는 하와이까지 저가항공으로 가는 시대니 말 다했다. 그런데 저가항공도 혜택을 제대로 챙겨먹으려면 나름의 전략이 필요하다는 사실을 아시는가. 궁금하시다면 다음을 주목해보자.

LCC 항공사: 회원가입 또는 SNS 친구를 맺어라!

들어는 보셨나, 단돈 1페소짜리 필리핀 여행. 귀신 씻나락 까먹는 소리가 아니다. 물론 호락호락한 일은 아니지만 근거 없는 헛소문도 아니다. 저가항공사에서는 가끔 일부 좌석에 한해 상상을 초월하는 초저가 프로모션을 진행하는데, 이런 식의 황금 이벤트는 먼저 낚아채는 사람이 임자다. 단, 특정 시즌 없이 게릴라식으로 진행되는 게 함정이지만. 천만 다행으로 당첨 확률을 높이는 방법이 있다.

　단도직입적으로 말하면, '정보력'이 답이다. 먼저, 저가항공으로 불리는 LCC^Low Cost Carrier항공사의 목록을 뽑은 후, 공식홈에 회원가입을 하거나 SNS 친구 맺기를 한다. 이메일이나 SNS로 항공사 소식을 담은 뉴스레터를 신속하게 받는 게 포인트다. 항공사마다 취항하는 도시도 다르고 프로모션 일정도 랜덤이니 다양한 항공사에 가입하여 폭을 넓히는 게 관건이다. 이 정도만 해도 항공사에서 뿌린 보도자료를 기사로 확인하는 것보다 반 발짝이라도 빠르게 정보를 얻을 수 있다.

　단, 주의해야 할 사항이 있다. 만족스러운 가격에 낙찰 받았다는 기쁨도 잠시, 피치 못할 사정으로 일정을 변경해야 할 상황이 올 수 있는데, 이럴 때 턱이 땅바닥에 떨어질 만큼 놀랄 만한 추가 비용이 기다리고 있을 수 있으니 조심하자. 대형 항공사에서 제값 다 치르고 산 항공권의 환불규정과 유사한 기준으로 생각했다면 오산이다. 피 같은 내돈 절대 못 낸다며 배째라 식으로 항공사 직원과 실랑이해봤자 돌아오는 건 높아진 혈압밖에 없으니, 이 점을 꼭 감안해 규정을 꼼꼼히 확인해야 한다.

① 국내 LCC : 티웨이, 진에어, 제주항공, 에어부산, 이스타

　해외 LCC : PEACH, Air Asia , V air, HK express, SCOOT

　신규노선은 취항 기념으로 특가 행사를 하는 경우가 많으니 기회를 잘 엿보도

　록 하고, 아무래도 현지 항공사가 저렴하니 일본 여행은 피치항공, 싱가포르 여

　행이라면 스쿠트 항공을 이용하는 게 낫다.

② LCC항공 전용 앱도 있으니 활용해보는 것도 좋을 듯하다. (ex. LCC Finder)

웃돈 주고라도 비상구를 사수하라!

저가항공 유저들 사이에서 떠도는 흉흉한 소문, 들어보셨을지 모르겠

다. 저가항공 한 번 잘못 탔다가 허리 디스크가 도졌다거나 불편한 자

세로 비행하는 바람에 막상 여행지에 도착해서는 피곤해 지쳐 첫날을

망쳤다든가 하는 '괴담' 말이다. 진심으로 말하건대, 저가항공을 타려

면 각오를 단단히 해야 한다. 항공사마다 차이가 있겠지만, 나에게는

만만한 도전이 아니었다. 인체공학 따위 개나 줘버린 듯 한 전대미문

의 요통유발형 좌석(기울기가 90도에 가깝고, 뒤로 젖혀지는 기능이 전혀 없었

다)에 앉아 몇 시간을 버텨야 한다는 건 거의 공포에 가깝다. 괜한 과장

이 아니다. 나는 저가항공을 이용할 때마다 새벽같이 일어나 인천공항으로 향하곤 했는데, 비행기에서 부족한 수면시간을 보충하겠다는 생각은 늘 수포로 돌아가고 말았다.

하지만 하늘이 무너져도 솟아날 구멍은 있는 법인 걸까. 좁디 좁은 저가항공에도 두 다리 쭉 뻗을 수 있는 명당자리가 있으니, 바로 비상구 자리다.

보라카이에서 새벽 두 시 비행기로 인천에 돌아가는 일정이라 자정이 다 되어 깔리보 공항에 당도했다. 여행지에서 친해진 아줌마 5인방과 함께 체크인을 하게 되어 입구로 들어서려는데, 그제서야 일행 중 한 명이 항공권을 분실한 걸 알았다. 현지 공항 직원에게 사정을 얘기하니 미리 와서 줄 서 있던 사람들을 앞질러 공항 안으로 들여보내주었다. '아, 티켓을 잃어버린 게 오히려 잘된 일인 건가?' 하며 어리둥절하고 있었더니 공항 직원이 발권을 해주며 한마디 하신다.

"한국 돈으로 인당 만 원씩 내세요."

말로만 듣던 뒷돈 거래가 이뤄지는 순간이다. 현지 물가 사정을 따져봤을 때 수수료치고는 어마어마한 금액이지만, 로마에 가면 로마법을 따르랬다고 원하는 대로 쥐어줬다. 직원은 그 대가로 우리를 일착으로 비행기에 태워줬는데, 발권 받은 좌석이 다름아닌 비상구 자리였다.

보라카이에 입성할 때만 해도 고행길이었는데, 한국으로 돌아가는 건 스위트룸이나 진배없었다. 일반 좌석의 족히 두 배는 되어 보이는 안락함에 돈이 최고라는 자본주의의 진리를 절감했다. 엎드린 자세는 물론 등허리에 쿠션만 잔뜩 받치면 살짝 눕는 듯 한 자세도 가능해진다. 너무 호사스러워 몸 둘 바를 모를 지경이다. 이때는 우연히 비상구 석을 확보하게 된 거지만, 의지만 있으면 언제든 이 좌석을 차지할 수 있다. 티켓을 구입할 때 1만 원에서 3만 원 사이의 비용을 지불하면 선 착순으로 자리를 선점할 수 있고, 발권시에도 미리 비상구 좌석을 구 입한 사람이 없으면 역시 선착순으로 차지할 수 있으니 참고하시라.

할 수 있는 만큼 구하라!

저가항공 한 번 타보면 안다. 비행기에서 삼시세끼 제공되는 기내식 이나 안대, 귀마개, 이어폰, 치약, 칫솔은 물론 달라고만 하면 무제한 으로 주는 맥주나 와인, 하다못해 물 한 잔도 알고 보면 내 티켓 값에 포함되어 있다는 걸 말이다. 너무나 당연하게 누려 미처 인식하지 못 했던 현실이다. 저가항공을 경험하기 전만 해도 이 모든 게 비행기에 공짜로 달려나오는 필수 옵션인 줄만 알았다. 그동안 잠자느라 건너 뛴 기내식과 자막 없다고 거들떠도 보지 않은 영화가 뼈에 사무치게 아깝다. 본전 생각하면 자다가 이불 킥을 날릴 정도다. 그렇다. 저가항 공에는 이런 서비스가 전무하다. 과장 좀 보태서 날아다니는 고속버

스쯤으로 생각하면 된다. 그런 만큼 안락한 비행을 하려면 준비를 철저히 할 필요가 있다.

우선 담요와 목베개, 슬리퍼는 필수로 챙기도록 하자. 부직포로 된 일회용 슬리퍼가 없다면 수면양말도 유용하다. 그리고 끼니를 때울 간식거리도 중요하다. 미리 예약하거나 기내에서 돈을 지불하면 식사를 할 수도 있지만, 대형 항공사 기내식도 맛으로 먹는 일이 없는 판에 저가항공은 안 봐도 비디오다. 괜한 호기심에 주문했다 돈만 버렸다는 후기를 심심찮게 목격할 수 있다. 단, 주변 사람들의 눈총을 받지 않도록 냄새 없는 음식으로 준비하도록 하자. 여기에 덤으로 챙기면 좋은 게 엔터테인먼트다. 저가항공 타보시면 알겠지만, 특유의 분위기가 있다. 도떼기시장을 연상케 하는 부산스러움과 소음으로 스트레스 지수가 높아질 때 필요한 게 아이패드나 동영상 플레이어다. 드라마나 영화 한두 편 감상하다 보면 목적지에 도착할 때가 되어 있을 테니, 유용하게 활용하시라.

가끔 게스트하우스 이용 후기에서 이해할 수 없는 악플들을 볼 때가 있다. 냉장고에 유통기한 지난 음식이 있었다는 둥, 거실 바닥이 꺼져 있었다는 둥, 휴지통을 제때 비우지 않아 불쾌했다는 글들 말이다. 그런 게 불만이면 호텔을 예약해야지 왜 도미토리에 와서 이 까탈을 부리나 싶다. 비행기도 마찬가지다. 저가항공 후기를 보면 불만이 폭주하곤 하는데, 그렇게 누릴 거 다 누리고 싶으면 대형 항공사를 이용하는 편이 좋다. 뭐든 일장일단이 있으니, 취향껏 현명한 선택을 하시길 바란다.

비행기
사용설명서

아무리 강조해도 지나치지 않는다. 여행의 일부이자 여행의 첫인상을 결정짓는 비행기 라이프. 기내에서의 시간을 안락하게 보내는 것은 여행의 퀄리티를 좌우하는 중요한 요소이니, 다음을 주목하도록 하자.

안전한 항공사인지 확인하라!

혹시 그거 아시는가? 비행기 사고로 죽는 것보다 자전거 사고로 사망할 확률이 높다는 것을. 자전거 사고 사망확률은 34만1794 분의 1. 반면 비행기 추락사고의 사망 확률은 1100만 분의 1에 불과하다. 살면서 벼락 맞아 죽을 확률은 대략 60만 분의 1로, 비행기 추락사보다 18배나 높은 수치다. 그 말인 즉, 비행기 안에서 안타깝게 생을 마감을 할 가능성은 거의 희박하다는 거다.

　그런데 요즘 좀 이상하다. 비행사고가 심심찮게 터진다. 불안감이 엄습해온다. 1100만 분의 1 확률이고 나발이고, 그 불행이 나만 빗겨가리라는 보장이 없다. 그러니 나의 안위를 위해 항공사 선별에도 주의를 기울일 필요가 있다.

무슨 이유 때문인지는 모르겠지만, 우리나라는 국적기와 외항사가 공동 취항하는 노선의 경우 유난히 국적기 선호도가 높다고 한다. 그런데 덮어놓고 국적기만 최고라고 단정지을 이유가 전혀 없다. 독일 함부르크의 JACDEC(제트항공기 사고 자료평가 센터)가 발표한 '2016년 항공사 안전 순위'는 다음과 같으니, 항공사를 선택할 때 참고하시라.

1위 캐세이퍼시픽 항공 (홍콩)

2위 에미레이트 항공 (UAE)

3위 에바항공 (대만)

4위 카타르 항공 (카타르)

5위 하이난 항공 (중국)

6위 KLM 항공 (네덜란드)

7위 뉴질랜드 항공 (뉴질랜드)

8월 에티하트 항공 (아랍 에미레이트 연합)

9위 일본 항공 (일본)

10위 탑 포르투갈 항공 (포르투갈)

.

.

기내 최고의 명당 찾기 매뉴얼

이코노미 외길 인생을 걸어온 분들이라면 알거다. 관절과 허리 디스크에 무리를 주는, 자비라곤 눈 씻고 찾아보려야 없는 불편하고 좁은 좌석일지라도 그 와중에 조금이라도 안락한 자리를 차지하려는 경쟁이 아주 치열하다는 사실 말이다.

먼저 자장면이냐 짬뽕이냐에 버금가는 심각한 갈등이 창측과 통로측 좌석 사이에서도 벌어진다. 여행 초심자 사이에서 유독 창가 자리 쟁탈전이 벌어지곤 하는데, 결론부터 말하자면 둘 다 일장일단이 있다 하겠다. 지상 1만 킬로미터 높이에서 누리는 스카이뷰는 창가 자리만의 특권. 사진만 잘 찍어 SNS에 올려두면, 이거 폼 난다. 굳이 떠벌리지 않아도 해외여행 다녀 온 티 내기 딱이다. 그런데 창측의 매력이 폭발하는 건 이착륙 시 5분 정도에 불과하다는 안타까운 사실을 아시는가. 비행시간 대부분 동안 창문의 덮개는 거의 내려진 상태인데다, 화장실 갈 때마다 옆 사람을 타고 넘어가야 하는 번거로움을 감수해야 하고, 심지어 옆 사람이 잠이라도 들었다면 사태가 아주 난감해진다. 하지만 선천적으로 대소변을 잘 참는 체질이라면 상관없으니, 창가의 매력을 마음껏 누려도 좋겠다.

보통 비행시간이 세 시간 이상이면 통로측을 추천하는데, 특히 이코노미 클래스에서 그 장점이 극대화된다. 통로 좌석은 위치상 한쪽 다리가 자유로워 'ㄱ'자 자세에서 'ㅡ'자로 구부렸다 펴는 게 허용될 뿐 아니라, 모로 누워 새우자세로 수면을 취하는 것까지도 가능케 해준다. 장거리 비행이라면 결코 놓치고 싶지 않은 안락함이다.

창가냐 통로냐의 여부를 결정하고 나면 이제 비행기 머리 쪽을 선택할지 꼬리 쪽에 앉을지 고민에 빠진다. 일단 앞쪽 좌석은 비행기에서 내릴 때 신속하게 벗어날 수 있으니 좋다. 수백 명의 인원이 동시에 짐 내리고, 그걸 또 바리바리 싸들고 내리다 보면 숨 막히는 정체현상이 빚어지는데, 이런 교통체증으로부터 자유로울 수 있다. 반면 뒤쪽 좌석은 단체 관광객들이 차지하는 경우가 많아 가공할 만한 데시벨의 소음이 유발될 수 있다. 게다가 근처에 화장실까지 있다면 들락날락하는 번잡스러움에 숙면 취하기는 글렀다고 보면 된다. 그럼 무조건 뒷좌석이 불리한가? 그건 또 아니다. 앞자리보다 기내식을 더 빨리 서빙 받을 수 있다. 밥이 우선이냐 하차시 신속함이냐를 기준으로 취향에 따라 결정하면 되겠다. 단, 목숨 걸고 피해야 할 자리가 있다면 단연 'E'석이다. 2-4(5)-2배치든 3-3(4)-3든 무관하게 E석은 중간에 끼어있을 확률이 100퍼센트다. E석을 보면 일단 도망쳐야 할 이유는 굳이 설명하지 않아도 아실 터.

마지막으로, 하늘이 두 쪽 나도 오로지 안전 제일만 염두에 두는 분들께 팁을 드리겠다. 영국 그리니치 대학에서 근 30년간 '위험상황에서의 인간의 행동'을 연구하고 있는 에드 갈레아 교수가 미국 ABC와 진행한 인터뷰에 따르면 비상구에서 1~3줄 떨어진 자리와 통로 좌석이 다른 자리보다 생존확률이 높다고 한다. 덧붙이자면 일등석과 비즈니스석보다는 이코노미석의 생존확률이 높다고 하니, 이코노미 여행자들이여, 이 점 위안 삼으시길 바란다.

··

★ TIP 정리 ★

① 안전 제일파: 비행기 날개 뒤쪽 + 비상구 근처 + 통로
② 숙면파: 비행기 중간 + 창가(창문에 베개를 두고 자기 편함)
③ 신속 하차파: 비행기 앞 + 왼쪽(출구방향은 보통 왼쪽)
④ 안락 선호파: 비행기 중간 + 통로
⑤ 망부석파: E 좌석(오도가도 못함)

평균 습도 15퍼센트! 비행기 내부의 습한 정도가 딱 이 수준이라고 한다. 기내 밖이 보통 영하 50에 육박하기 때문에 기내에서 난방을 돌리는 까닭이다. 우리가 막연히 가장 건조하다고 생각하는 사막이 15~30퍼센트의 습도를 유지하는 것에 비하면, 기내가 얼마나 충격적으로 건조한지 이해가 가실 거다(참고로 우리나라 평균 습도는 70~80퍼센트다).

장거리 비행 후 거울을 보다가 10년쯤 늙어 보이는 낯선 여인과 마주해 "실례지만 뉘신지?" 하고 묻던 기억이 한 번쯤은 있을 터. 가뭄에 논 갈라지는 듯한 건조함과 개기름의 오일리함이 동시에 느껴지는 아이러니하고 불쾌한 기분, 정말이지 견디기 힘들다. 이런 사태를 미연에 방지하려면 비행기 탑승 전 '수분충전 백'을 준비해 내 피부를 철통방어하도록 하자.

수분 촉촉한 피부를 위한 클렌징 티슈와 겔 형태의 마스크시트, 수분크림, 특히 콘택트렌즈를 착용하는 분들은 인공눈물과 안경도 꼭 챙기는 걸 추천한다. 건조함에 렌즈가 바짝 말라버릴 수도 있으니 말이다. 부질없는 셀카 욕심에 14시간 장거리 비행 동안 렌즈를 착용한 적이 있었는데, 도착 당일 맨해튼 한복판에서 말라붙은 렌즈가 눈 뒤로 말려 올라가 반 봉사 상태가 된 기억이 있다. 지금 떠올려도 오금이 저려오는 끔찍한 악몽이다. 그때 주위에 한인 관광객이 없었더라면 아직도 못 돌아오고 거리를 헤매고 있을지도 모르겠다.

그리고 수분을 충전하는 데는 체내에 직접 물을 공급하는 것만큼 좋은 게 없다. 기내는 압력이 낮아 알코올 흡수율이 올라가 피부의 수분을 더욱 갉아먹기 마련이니, 공짜 술이라고 탐내지 마시고 미네랄워터를 충분히 마셔두자. 카페인이 든 커피도 탈수효과가 있어 피부에 악영향 주기는 마찬가지다. 또 비행기 창문이 UVB는 차단하지만 UVA는 차단하지 못한다고 하니, 창가 자리에 앉게 된다면 필시 SPF30 이상의 자외선 차단제를 챙기시길 당부한다.

가져도 되는 기내용품 VS 안 되는 기내용품

비행기에 타면 주어지는 것들이 있다. 비싸게 주고 산 항공료 본전을 생각하면 의자에 꽂혀 있는 구토봉투까지 있는 대로 쓸어가고 싶지만, 여기에는 가져가도 될 것과 안 되는 것이 있으니 유의해야 한다.

일단 기내 제공품 가운데 안대, 귀마개, 이어폰, 포커 카드, 과자, 플라스틱 컵, 그리고 승무원이 제공하는 기념품은 살뜰하게 챙겨가도 좋다. 하지만 기내 책자, 안전 설명서, 구명동의 등을 말없이 '인 마이 포켓in my pocket' 하다가는 기내에서 당황스러운 상황을 맞을 수도 있다. 이쯤에서 누구나 헷갈리는 한 가지 물품, 바로 항공담요다. 당당하게 가져가자니 뒤통수가 근질근질하고, 그렇다고 안 챙기면 뭔가 손해보는 느낌이고. 암묵적으로 안 된다고 알고는 있지만, 집에 담요 하나 없는 사람이 없으니 이거 애매하다.

결론부터 말하면 항공담요는 가져가면 안 되는 용품이다. 해외여행이 처음인 언니와 대만을 경유해 파리에 간 적이 있는데, 비행기 첫 경험인 언니가 항공담요에 깊은 애착을 보였다. 결국 비행기를 갈아탈 때 정신없는 틈을 타 담요를 쇼핑백에 구겨 넣고는 임무를 무사히 마친 요원처럼 환승통로로 빠져나갔는데, 바로 그때, 저승사자를 마주친 사람처럼 우리 둘은 그 자리에 서서 돌이 되고 말았다. 보안검색대 직원 두세 명이서 X레이로 짐 검사를 하고 있던 것이다. 언니의 방향을 잃은 동공을 보며 나까지 식은땀이 흘렸다. 짐을 꺼내 보여달라는 검색 요원의 요청에 최대한 느리게 손을 놀렸음에도 불구하고 결국 항공담요를 숨겨온 게 탄로나고 말았다. 검색요원의 어리둥절한 표정이 마치 비웃는 것 같이 보여 언니를 말리지 못한 게 그렇게 후회될 수가 없었다. 비행기에서 항공담요 챙긴 걸 들켰다고 뺏기거나 비용을 물어야 하는 건 아니지만, 망신을 면치 못할 수 있음을 명심하자.

Episode 3.
밤도깨비 여행의 빛과 그림자

타고나길 금수저로 태어난 사람들은 알지 못한다. 시간은 물론 가진 거라곤 쥐뿔도 없는 평범한 직장인들의 속사정을 말이다. 그런데 하늘이 무너져도 솟아날 구멍은 있다 했던가. 흙수저들의 간절함과 한(恨)이 원기옥이 되어 '밤도깨비 여행'이 탄생했다.

　일주일을 열흘처럼 살던 서브 작가 시절, 사무실 지박령처럼 붙박이 생활을 하느라 몸이 근질근질하던 그때, 도쿄 밤도깨비 여행에 나의 시선이 꽂혔다. 금요일 자정 무렵 출발해 토, 일 꽉 찬 이틀을 소화하고 월요일 새벽에 서울로 넘어오는 일정. 알뜰살뜰 버릴 것 하나 없는 알찬 여행상품이었다. 그런데 결론부터 말하면, 나에게 도깨비 여행은 마치 정글의 법칙 촬영 현장을 방불케 했다. 사연인즉 이러하다.

자정이 넘어서야 공항 체크인이 시작되는 터라 버스 막차를 타고 공항으로 향했다. 그런데 그렇게 늦은 시간에 공항에 간 게 난생 처음이라 그랬을까, 아니면 그날따라 뭔가에 홀렸던 걸까. 정신을 차리고 보니 창밖으로 익숙한 풍경이 지나가고 있는 게 아닌가.

'어? 저거…… 인천공항 청사 아냐……?'

아뿔싸! 이미 공항을 지나친 거다. 순간, 세상에서 가장 처절한 목소리로 외쳤다.

"기사니이임!!! 스토오오옵!!!! 혹시 공항 지난 거예요?"

세상에서 가장 난감한 목소리로 대답하는 기사 아저씨.

"아이고 어떡해. 아가씨, 공항 좀 전에 지나갔어!!!!!!"

버스비 몇 푼 아끼려는 심산으로 공항 리무진 대신 일반 버스를 탄 내가 미친년이다. 버스는 이미 공항을 경유해 종점인 을왕리로 향하고 있었다.

나의 절박한 사정을 이해한 기사 아저씨는 전무후무한 결정을 하기에 이른다. 급하게 갓길에 버스를 세우고는 저기 보이는 불빛이 인천공항이니 걸어서라도 가라는 거였다. 일단 하차하는 것 외에 다른 선택지가 없었던 나. 막상 버스에서 내리고 나니 상황이 영 암담하다. 사방은 칠흑 같은 깜깜절벽, 사주경계를 하며 질주한 끝에 무사히 3층 출국장에 안착할 수 있었지만 지금 생각해도 살 떨리게 아찔한 순간이다. 이게 다 익숙지 않은 야밤에 공항에 간 탓이다.

우여곡절 끝에 도쿄 입성에는 성공! 하지만 문제는 지금부터였다. 토요일 새벽에 일본에 떨어지니 꽉 찬 이틀을 보낼 수 있겠다고 들떴으나, 하나는 알고 둘은 모르는 바보짓이었다. 하네다 공항에서 도쿄 중심부로 이동하는 데 걸린 시간은 겨우 30분 남짓. 너무 이른 시간이라 도무지 어디 갈 데가 없다. 게다가 비행기에서 차가운 에어컨 바람 쐬며 불편한 자세로 온 터라 거의 밤샌 것과 다름없는 컨디션이다.

숙소 체크인까지는 아직 반나절이나 남았다. 굳게 문 닫힌 텅 빈 거리가 너무 야속하다. 거리를 어슬렁거리는 꼴이 딱 노숙자다. 배에서는 뭐라도 좀 던져달라고 난리통인데, 이거 아주 당혹스럽다. 그렇게 하루 반나절을 허송세월로 보냈다. 꽉 찬 이틀을 보내겠다는 나의 야무진 꿈은 애저녁에 산산조각이 났다. 최고의 장점이라 믿었던 조건이 최고의 단점으로 절락하는 순간이다.

또 한 번의 난관에 봉착하게 된 건 첫날 밤 숙소에서였다. 밤 도깨비 여행은 주말을 알차게 활용한다는 장점도 있지만 사실 저렴하다는 게 가장 큰 미덕이다. 기껏 비행기값 아껴놓고 비싼 호텔방에서 잘 수는 없는 노릇이다. 한국인 게스트하우스가 밀집되어 있는 신오오쿠보의 한 숙소를 예약했는데, 입구에 들어선 순간 뭔가 잘못됐음을 느꼈다. 사진과 달라도 너무 다른 거다. 사기 당한 기분이다. 미주, 유럽, 아시아 등 다양한 도시의 게스트하우스를 경험한 터라 애초에 기대를 하진 않았지만, 도쿄의 상황은 실로 처참했다.

　아무리 잠만 자는 용도라지만 인간미가 없어도 너무 없다. 겨우 밤이슬만 피할 수 있는 수준? 도쿄의 부동산 가격이 살인적이라는 소문은 익히 들었지만 이 정도일 줄은 몰랐다. 삼류 고시원보다 못한 수준의 1평 남짓한 방, 철제 2층 침대가 가구의 전부인 삭막한 분위기. 집 나오면 개고생이라는 말을 절절히 실감하게 된다. 당시 나에게 위로가 된 건 여기서 하룻밤만 견디면, 아니 버티면 된다는 사실이었다. 다음 날 저녁은 온천에서 시간을 때우다 공항으로 가버리면 그만이니 말이다.

　이번 여행은 첫 단추부터 진즉에 글러먹은 터였다. 이렇다 할 추억이 별로 없는 도쿄 밤도깨비 여행은 끝간데 없는 절망의 연속이었을 뿐이다. 하지만 이 모든 경험은 내 불찰 때문일 수 있으니, 야심차게 도깨비 여행을 계획하는 분들이라면 다음의 체크리스트를 확인해보시길 추천한다. 열 개의 항목 가운데 다섯 개 이상에 해당 되면, 뚝심을 갖고 도깨비 여행을 감행하시라.

<'나는 밤도깨비 여행에 적합한가?' 체크리스트 >

- 나는 밤눈이 어두운 사람이 아니다.
- 나는 야간 비행을 선호하는 편이다.
- 나는 아침에 씻지 않은 채로 돌아다녀도 타인의 시선에 흔들리지 않을 자신
  이 있다.
- 나는 꼭두새벽의 텅 빈 거리를 혼자 걸어도 절대 위축되지 않는 편이다.
- 나는 추위에 강한 편이다.
- 나는 아침부터 밤까지 돌아다녀도 피곤을 못 느끼는 타고난 강철체력이다.
- 나는 수면 부족에 절대 굴하지 않을 자신이 있다.
- 나는 베개에 머리만 붙이면 잠이 들 정도로 어디서든 잘 잔다.
- 비록 항공권은 싸게 샀을지언정, 5성급 호텔을 예약할 정도로 부유하다.
- 나는 새벽에 공항에 도착해서 복귀해도 절대 회사 업무에 지장을 주지 않을
  자신이 있다.

숙소만
잘 잡아도
50퍼센트는 성공적

단언컨대, 괜한 과장이 아니다. 여행 준비과정에서 항공권 구입이 1순위라면 2순위는 단연 신속한 숙소 예약이다. 숙소만큼 여행의 만족도에 지대한 영향을 주는 게 또 없기 때문이다. 하루 24시간 중 숙소에서 보내는 시간이 대략 얼마나 될 거라고 생각하시는가. 씻고, 자고, 아침 한 끼 정도 때우고 휴식을 취하는 것까지 치면 못해도 도합 열 시간 이상은 된다. 생각보다 꽤 오랜 시간이다. 내 여행 중 절반가량이 숙소 안에서 이루어지는 셈. 그러니 좋은 숙소를 '발굴'하는 게 얼마나 절실한 사안인지 짐작이 가시리라.

나에게 숙소는 두 다리 뻗고 잠자는 곳 외에 그 어떤 의미도 아니라 거나, 숙박비 아껴서 물건 하나 더 사는 게 백번 낫다고 생각하는 분들 있을지 모르겠다. 오해마시길 바란다. 별이 여섯 개쯤 달린 고급호텔을 가란 말이 아니라, 숙소에 머무는 시간도 여행의 일부라는 개념을 알아줬으면 하는 거다. 그렇다면 좋은 숙소를 예약하기 위해 고려해야 할 것에는 무엇이 있는지 따져보도록 하자.

호텔파, 게스트하우스파에서 벗어나자!

호텔부터 게스트하우스, 유스호스텔 등 각종 형태의 숙소를 두루 접해본 바, 여행지 숙소로서 가성비가 가장 양호한 곳을 고르라면 한인 게스트하우스라고 말하고 싶다. 일단 접근성이 좋다. 포털 사이트에 게스트하우스만 검색해도 리스트가 줄줄이 뜨니, 그중에서 입맛대로 골라 예약만 하면 된다. 그리고 대부분이 한인 전용으로 운영되다 보니 예약 과정이 용이하고, 무엇보다 현지에서 '고급 정보'를 공유하는 훌륭한 루트가 된다. 그 도시를 미리 경험한 사람의 생생한 증언만큼 신뢰도 높은 정보는 없기 때문이다. 경우에 따라 공연 예약을 도와주기도 하고 일일 가이드 서비스를 제공하기도 하니, 여러모로 유용하다.

하지만 가장 인상에 남은 숙소를 골라보라고 한다면 일단 게스트하우스는 살짝 재껴두게 된다. 만족도는 나쁘지 않지만 그다지 특별할 게 없다는 게 이유다. 장점이자 단점인 '한인 전용'이라는 숙소 안에만 들어서면 여기가 한국땅인지 외국땅인지 분간하기 어려울 정도로 한국 스타일이 유지되는 게 대부분이다. 어느 도시를 가도 주방에 고추장과 전기밥솥쯤은 상시 구비되어 있는 걸 확인할 수 있다. 한마디로, 여행 몰입도가 떨어진다.

여행자의 로망 중 최고는 현지인들의 라이프스타일대로 '살아보는' 것일 터. 그만큼 나에게 가장 강한 인상을 남긴 숙소는 현지 감성을 충분히 느낄 수 있게 해주는, 바로 그런 곳이었다.

현지 숙박업체 사이트 공략하기

7년 전, 런던 여행을 계획하고 있을 때였다. 한 달가량 되는 장기 체류 일정이었기 때문에 숙소 선정이 무엇보다 신경 쓰였다. 이왕 오래 머무는 거 현지인이 사는 집에서 살아보자 싶어 현지인이 운영하는 사이트를 기웃거렸다. 주로 한국에서 온 유학생이나 런던에 아예 눌러앉은 한인끼리 정보를 주고받는 공간이었다. 우연히 영국인 남편과 사는 한국 여성과 쪽지를 주고받다가 3주가량 한국 갈 일이 있어 집을 빌려줄 수 있다는 제의를 받았다. 렌트비 협상까지 끝내고 이제 숙소 걱정은 끝났구나 하는 찰나, 남편의 단순 변심 때문에 계획이 무산됐다. 쇼핑몰에서는 고객의 단순 변심으로 인한 환불은 통하지 않지만, 이런 경우는 뭐 방법이 없다. 런던으로 날아가 드잡이할 수도 없으니 그저 딴 곳을 알아보는 수밖에.

그래도 왠지 미련이 남아 현지 숙박 사이트를 검색하던 중, 런던 교통의 중심지인 빅토리아역 가까이에 있는 B&B^{breakfast& bed}를 발견했다. 이곳은 말 그대로 조식과 침실을 제공하는 숙박형태로, 1층은 샐러드바로, 2, 3층은 숙소로 운영하며 숙박을 하면 샐러드바에서 조식을 공짜로 해결할 수 있는 구조다. 영국식 샐러드바를 매일 아침 먹을 수 있다는 것과 현지인이 운영하는 숙소라는 점이 더할 나위 없이 마음에 들었다. 무조건 OK! 주인 아줌마와 서너 차례 이메일을 주고받은 끝에 예약에 성공은 했는데, 솔직히 나의 비루한 영어가 통한건지 걱정되어 혹시 예약에 문제가 생긴 건 아닌지 도착할 때까지 불안해하던 기억이 난다.

얼마 전, 인터넷 유머 게시판에서 원룸 주인과 방을 보러 온 외국인 부부가 주고받은 문자가 공개됐다. 그들의 대화는 이러하다.

- 000원룸입니다. 집에 있으니까 오시면 호출주세요.
- 우리를 용서하십시오. 우리는 또 다른 가정을 발견했다.

나와 런던 B&B 주인 아줌마가 주고받은 대화는 아마도 이런 수준이 아니었을까 싶다.

막상 숙소에 도착해보니 상상 이상으로 훌륭했다. 유럽풍의 로맨틱한 창가며 새하얀 붙박이 옷장, 간접 조명으로 꾸민 섬세한 인테리어까지. 런던에 사는 한 소녀의 방을 그대로 재연한 듯한 분위기였다. 만약 한인 게스트하우스에서 묵었다면 속재료가 부실한 김밥이나 신라면 조식이 제공되었겠지만 솜씨 좋은 주인 아줌마는 매일 아침 런던 스타일의 조식을 차려줬다. 식사 후에는 정성스럽게 라떼아트까지 그려 넣은 커피를 만들어 주셨는데, 황송하기까지 했다.

이쯤 되면 호텔방값까지는 못 미쳐도 꽤나 비싼 거 아닐까 싶겠지만, 장기체류 할인을 파격적으로 받아 결과적으로 게스트하우스보다 저렴한 가격에 묵을 수 있었다. 런던에 머무는 한 달 동안, 관광객이 아닌 런더너 흉내를 조금이라도 낼 수 있었던 건 B&B 덕이었다(비록, 홍차 끓일 물 좀 구할 수 있냐는 질문에 화장실 수도꼭지를 가리켜 살짝 당황하긴 했지만. 그것 역시 런던 라이프이리라).

* 빅토리아 B&B: 예약 메일 saladhaven@bethere.co.uk
(최근 후기가 자취를 감춘 걸로 봐서 운영을 접었을지도 모르겠다.)

특별한 숙소를 원한다면! <현지인 집에서 살아보기>

①www.waytostay.co.kr

유럽 16개 도시 아파트 렌탈 서비스 / 한국어 서비스 O

②www.airbnb.co.kr

전 세계 192개국 3만3000개 도시 / 한국어 서비스 X

③www.wimdu.co.kr

미국, 유럽, 아시아 20여 개 국 100여개 도시 / 한국어 서비스 X

④www.onefinestay.com

런던, 뉴욕, LA, 파리, 로마 / 한국어 서비스 X

....

　런던의 B&B와 더불어 인상에 깊게 남아 있는 숙소가 하나 더 있는
데, 공교롭게도 또 유럽이다. 옥토버페스트 기간에 맞춰 독일 뮌헨 일
정을 짜두었는데 세계적인 축제기간이라 그런지 숙소잡기가 만만치
않아 아주 난감한 상황이었다. 값이 몇 배나 껑충 뛰어오른 호텔방은
예산도 없을뿐더러 예약조차 불가했고, '이러다 지하철에서 노숙이라
도 해야 하나' 하고 심각하게 고민하던 차였다. 결국 지푸라기라도 잡
는 심정으로 내 항공권을 담당한 여행사 직원에게 도움을 요청했는

데, 역시 하늘은 스스로 돕는 자를 돕는 모양이다.

인적 네트워크! 여행사 직원 활용하기

직원이 여행사에서 근무하며 독일 출장을 갈 때 묵는 현지인의 집을 소개해준 것이다. 이 현지인은 조기유학 온 축구 꿈나무들을 대상으로 홈스테이를 운영하고 있었고, 다행히 나에게도 기회가 닿았다. 현지인의 집에서 문화를 그대로 경험할 수 있다는 것과 주인 아줌마가 한국말이 가능하다는 건 숙소로서 최고의 조건이었다.

새벽에 야간열차로 비몽사몽간에 가까스로 숙소에 도착해보니 아직도 꿈을 꾸나 착각이 들 만큼 아름다운 유럽풍 저택이었다. 저택이 있는 곳은 집집마다 소박한 정원을 가꾸는 동화 같은 마을이었는데, 집터보다 공원이 더 넓은, 상당히 자연친화적인 동네였다. 독일에 이민 온 지 30년이 넘었다는 주인 아주머니는 한국에서 온 여행자가 반가우셨는지 아침 식사로 특별히 삼겹살까지 구워주셨다. 또 독일의 우수한 국민성에 대해 열변을 토하시곤 했는데, 길거리에 지갑이 떨어져 있어도 아무도 손을 대지 않아 일주일이 지나도 그대로 그 자리에 있을 정도라고 했다(실제로 독일의 지하철은 개찰구나 검표원이 따로 없다. 승차권 이용을 오로지 승객들의 양심에 맡기는 거다). 그리고 틈틈이 BMW에 다니는 큰 아들 자랑도 빼놓지 않으셨다. 모든 대화는 두 가지 포인트로 정리된다. '독일인은 남의 물건에 손대지 않는다'와 'BMW는 독일에서도 좋은 회사다'라는 점이다. 이것 역시, 독일의 라이프이리라.

여행에서 숙소는 단지 잠만 자는 곳이 아니다. 현지인의 생활 속에 한쪽 발이라도 담그고 싶다면 한 번쯤은 호텔파, 게스트하우스파에서 벗어나 보시길 바란다. 그런데, 어떤 형태의 숙소를 잡건 간에 무조건적으로 고려해야 할 것이 하나 있다. 바로 숙소 위치 선정이다.

동선을 고려한 최적의 위치 선정이 필요하다

딸: (단호) 어머니, 호텔은 위치가 생명이옵니다.
엄마: 아니다! 호텔은 조식이 생명이지!

한 호텔검색 사이트의 광고 카피다. 숙소를 구하다 보면 대개 이런 딜레마에 빠지곤 하는데, 나는 '위치'에 한 표를 던지고 싶다. 이제 주요 동선과 거리가 있더라도 한 푼이라도 싼 곳으로 잡을 것인가, 아니면 숙박비가 비싸더라도 동선이 좋은 중심지에 잡을 것인가의 고민에 봉착한다. 결국 시간과 돈의 문제다. 무엇을 우선시 할 것인가 묻는다면 물을 것도 없이 "시간이 먼저"라고 말해주고 싶다.

여행지에서 가장 아쉬운 것은 돈이 아니라 시간이다. 시간이 돈보다 우위에 있다. 돈이야 한국 돌아가서 더 벌 수 있지만 여행지에서의 시간은 한정되어 있고, 흘러간 시간은 다시는 돌아오지 않는다. 결국 돈은 나중 문제라는 얘기다.

파리에 갔을 때 한인 게스트하우스에서 묵은 적이 있는데, 아침식사 포함 하루 숙박료가 2만 원 남짓으로 꽤나 저렴했다. 유일한 단점이 있다면 루브르 박물관이 있는 중심가까지 지하철로 이동하는 시간이 30분이 웃돈다는 것이었다. 서울에서 출근할 때 한 시간 넘게 버스를 타 버릇 했으니 지하철 30분쯤이야 가뿐할 것 같았지만, 순전히 나의 착각이었다. 제대로 잘못 짚었다.

지하철 소요시간만 30분이지 목적지까지 이동하는 시간까지 따지면 이래저래 한 시간이 훌쩍 지나갔다. 아뿔싸! 게다가 워낙 강도 높게 활동하다 숙소로 돌아가는 거라 여행지에서는 귀갓길이 상상이상으로 피곤하다.

'젠장, 망했다 망했어.'

쇼핑하다 짐이라도 늘어나면 숙소에 좀 두고 나오고 싶은데, 엄두가 안 난다. 한 번 숙소에 들르면 다시 나가고 싶은 마음이 싹 가신다. 결국 빈둥대다 일찌감치 침대에 몸을 뉘인다. 이러려고 파리까지 온 게 아닌데. 후회막급이다.

그나마 내 경우는 다행이었다. 내 옆방에서 머물던 한 처자는 밖에 나갔다가 볼일이 급해져 화장실을 찾다찾다 결국은 못 찾고 숙소로 돌아왔다고 했다(파리는 공중 화장실을 만들면 벌금을 물어야 하는 법이라도 있는 것 같다). 그런데 막상 숙소에 돌아오니 다시 문밖으로 나서기가 너무 귀찮아졌다며 숙소에 눌러앉아버렸다. 외곽에 숙소를 잡았을 때 발생하는 부작용 중 하나다. 그러니 숙소 선정할 때 0순위로 고려해야 할 것은 '위치'라는 점, 부디 명심하자.

여행기간 선정에 고려할 것들

냉정하게 생각해보자. 우리는 만수르처럼 통장에 돈이 넘쳐나는 사람이 아니다. 없는 시간을 알뜰살뜰 쪼개 여행을 떠나는 평범한 소시민이다. 고로, 천신만고 끝에 잡은 달콤한 여행의 기회에서 최선의 선택을 할 필요가 있다. 무슨 말인고 하니, 한 도시에 몇 달씩 눌러 앉을 수 있는 능력자가 아닌 이상 여행을 언제 갈지 고를 때는 여행지의 매력지수가 절정을 치는 최적의 '시기'를 공략하자는 뜻이다.

도시마다 최적의 방문 계절이 있다?

똑같은 사람을 두고 전혀 다른 평가가 나올 때가 있다. 그 사람의 컨디션이 최상일 때 본 사람은 그를 성격 좋은 호인이라 하고, 어쩌다 컨디션이 난조일 때 만난 사람은 천하의 재수 없는 잡놈이라 욕하기도 한다. 여행지도 마찬가지다. 분명 같은 도시를 다녀왔는데 전혀 다른 인상으로 기억하는 사람들을 본 적 있지 않은가. 이유야 천차만별이겠지만, 서로 다른 시기에 방문했을 확률이 높다. 제 아무리 콧대 높은 유명 여행지라도 계절에 따라 컨디션이 널뛴다는 얘기다.

절친과 함께 보라카이로 휴가를 떠난 후배작가 C가 있다. 후배에게
는 생애 처음 여권에 도장을 찍는 설렘 가득한 여행이었고, 친구에게
는 헤어진 전 남친과의 추억을 지우는 힐링 여행이었다. 어쨌거나 세
계 최고의 휴양지로 야심차게 떠난 그녀들. 그런데 3박 4일간 머문 사
진을 보니, 이거, 눈물 없이는 볼 수가 없다. 아열대 특유의 총천연색
으로 도배되어 있을 줄 알았는데 웬걸, 흑백사진이나 마찬가지다. 햇
살에 눈 시리게 반짝여야 할 화이트비치는 흙탕물 같다. 사진 중 열에
아홉은 습도 90퍼센트의 눅눅한 기운을 숨길 수가 없다. 그랬다. 그녀
들은 하필이면 우기에 보라카이로 떠났던 것이다.

때는 바야흐로 우기가 한창이던 9월. 달력 사진급의 환상적인 풍경
을 기대했건만, 현실은 환장할 노릇이다. 한때 신혼여행지로 나름 톱
스타 반열에 오른 휴양지를 하필 컨디션이 엉망인 시기에 방문한 것
이다. 상황이 이러하니, 그녀들에게 보라카이는 그저 그런 동남아의
작은 도시로 기억될 뿐이다.

비단 우기, 건기만의 문제가 아니다. 북해도를 예로 들어보자. 일본
의 북단에 위치한 홋카이도는 겨울이면 눈이 2미터까지 쌓일 정도로
명실상부한 겨울 왕국이다. 추울수록 매력이 터진다는 얘기다. 그런
천혜의 설국을 나는 한 여름에 갔더랬다(그때 잠깐 정신이 나갔던 모양이
다). 눈으로 유명한 도시에 눈이 없으니 앙꼬 없는 찐빵이다. 곱게 분칠
하면 미모가 폭발하는 여자를 앞에 두고 밋밋한 민낯만 보고 온 것과

같은 이치다. 도시의 매력이 반감되는 것도 당연하다.

　K본부의 드라마 〈사랑비〉에서 장근석과 윤아가 만난 장소로 유명한 '비에이'는 북해도가 낳은 최고의 인기 명소다. 드라마 역시 눈발 흩날리는 한겨울이 배경이다. 이곳은 일본에서 각종 CF의 배경으로 등장할 정도로 겨울이면 천혜의 절경을 자랑한다. 미장센을 최고로 치는 감독들이 겨울의 대명사로 비에이를 떠올린다는 건 다 그럴 만한 이유가 있는 거였다. 그런 당연한 논리를 무시하고, 나는 땀을 바가지로 흘리며 꾸역꾸역 비에이에 갔더랬다.

　아무리 북해도라도 여름에는 덥다. 땡볕 아래에서 더위와 맞싸우며 기운 빠지게 걸어 다니는 것 외에는, 할 수 있는 게 없다. 아뿔싸! 난 굳

이 왜 이 후텁지근한 여름에 북해도에 와서 사서 고생인 걸까? 하지만 이미 엎질러진 물. 다음에 기회가 되면 반드시 겨울에 올 것을 다짐하며 아쉬움을 달랠 수밖에 없었다.

실패담만 늘어놓지 말고 언제 가면 좋을지 핵심만 일러달라는 분들을 위해, 도시 방문의 황금시기를 공개하고자 한다.

우리와 기후가 유사한 서유럽은 5월~9월(단, 남부인 이탈리아는 초가을에도 더울 수 있으니 10월이 적기), 상대적으로 추운 북유럽은 8월이 좋다. 북미로 넘어가보면, 가을이 예술인 뉴욕은 9월~10월 사이, 1년 열두 달 지상 천국인 하와이도 여름을 살짝 빗겨간 9월~10월(나는 무슨 깡인지 7월에 비키니 입고 돌아다니다 등짝에 1도 화상이라는 화를 입었다)이 제일이다. 휴양지로 유명한 태국, 필리핀 등 동남아는 건기가 시작되는 11월~1월, 홍콩 역시 축축한 여름을 빗겨난 9월~12월, 중국(상하이)도 10월 이후가 좋다. 남반구에 있는 호주 등 오세아니아는 12월. 한여름의 크리스마스라는 이색적인 경험을 할 수 있으니 이때를 노려보자.

이왕이면 축제날을 공략하라!

아무 생각 없이 과자 한 봉을 샀는데 하나만 들어 있어야 할 판박이 스티커가 하나 더 들어 있을 때! 카페에 커피 마시러 갔는데 운 좋게도 1주년 행사라 공짜 마카롱을 받았을 때! 무언가를 공짜로 얻었을 때, 우리의 행복지수는 가파르게 수직 상승한다. 이런 작은 덤에도 하루 일진이 좋다며 만족하는 우리인데, 하물며 여행 기간 중 축제라는 왕대박 찬스를 덤으로 만난다면 얼마나 즐겁겠는가.

1년에 단 한 번 있는, 흔히 누릴 수 없는 연중행사라는 희소성에 기쁨이 배가 되기 마련이니 말이다. 그런 만큼 부지런히, 손가락에 땀띠가 나도록 클릭질에 매진하도록 하자. 앞서 언급한 것처럼 고급 정보라는 건 공짜로 얻어지는 게 아니다. 굶주린 하이에나가 먹잇감을 찾는 심정으로 축제와 관련한 작은 단서를 찾아보도록 하자.

한 달간의 유럽 여행을 앞두고 '축제'라는 검색어로 블로그를 이 잡듯이 뒤지고 있을 때였다. 그때 하나 얻어걸린 게 있었으니, 이름하여 '라뉘 블랑쉬'[La Nuit Blanche]. 직역하면 '하얀 밤', 즉 백야 축제다. 파리 중심가에서 열리는 10월의 축제인데, 워낙 정보가 적어 구체적인 내용은 알 수 없었지만 어쨌든 축제기간에 맞춰 파리 일정을 조정했다(가이드북에도 소개되지 않은 희귀템이다). 결론적으로 안 봤다면 땅을 치고 후회했을 정도로 만족스러운 경험이었다. 자정이 다 되도록 온 파리에 불을 밝히고는 미술관, 박물관 등의 예술 공간을 무료로 개방해 시민들이 맘껏 누릴 수 있도록 한다. 콩코드 광장에는 리어카를 끌고 나온 상인들이 장사진을 이뤄 여의도 벚꽃 축제를 연상시켰다. 세계적으로 인지도가 높은 축제는 아니지만, 파리에서는 나름 잘나가는 가을밤 행사였던 거다. 그 덕에 말 그대로 '까만 밤을 하얗게 불태우는' 파리의 밤을 제대로 만끽할 수 있었다.

눈이 휘둥그레지게 거창하지 않아도, 구멍가게 수준의 작은 동네 축제여도 뭐 어떠랴. 여행지에서 만난 축제는 항상 특별한 경험을 약속해준다. 그때가 아니면 겪을 수 없는 추억을 주므로. 다음은 죽기 전에 꼭 한 번쯤은 가봐야 한다고 전설처럼 전해지는 축제들의 일정이니, 부디 참고하시어 살뜰하게 일정을 짜보시라.

*La Nuit Blanche: 매년 10월 첫째 주 토요일에 파리의 도심 곳곳에서 열리는 백야축제. 전위적인 퍼포먼스, 설치미술, 음악 콘서트, 무용 등을 무료로 관람할 수 있으며, 토요일 저녁 일곱 시부터 다음날 오전 일곱 시까지 계속된다.

알고보면 개이득! 세계의 대표 축제

① 아시아

태국	송크란 축제	4월	방콕 및 전지역, 액운을 씻고 복을 기원하는 물축제
말레이시아	컬러 오브 말레이시아	5월	
필리핀	카다우간 싸 막탄 축제	4월 27일	세부 막탄, 마젤란에 대항해 대승하고 자유를 얻은 날을 기념
싱가포르	그레이트 싱가포르 세일	6~8월	상품을 70퍼센트 가량 할인하는 쇼퍼홀릭 축제
인도	홀리축제	3월 23일	인도전역, 색가루를 탄 물을 풍선이나 물총에 담아 던지는 새해 축제
일본	삿포로 맥주 축제	7월 말 ~ 8월 초	
	전국 벚꽃 축제	3~5월	
홍콩	용선 축제	6월 10일 ~12일	드래곤 보트를 타고 즐기는 맥주 파티로, 홍콩 최고 인기 축제

② 유럽

독일	옥토버페스트	9월 말 ~ 10월 초	뮌헨
이탈리아	가면축제	2월	베네치아

영국	노팅힐 카니발	8월 마지막주 토, 일, 월요일	런던
스페인	플라맹코 댄스 페스티벌	2, 3월	

③ 미주

뉴욕	독립기념일	7월 4일	
	게이퍼레이드	6월	
	볼드롭	12월 31일	
하와이	우쿨렐레 페스티벌	7월	
	프린스 랏 훌라 페스티벌	7월	

Episode 4.
독일 옥토버페스트 VS 삿포로 맥주 축제

그러고 보면 우리처럼 흥 많은 민족도 드물다. 1년 365일 조선팔도가 온통 축제의 향연이다. 굳이 힘들게 떠올려보지 않아도 보령 머드축제며 영동 포도축제, 홍성 대하축제, 벌교 꼬막축제에 이르기까지 셀 수도 없다. 당장 포털 창에 검색만 해도 8월 한 달 동안 열리는 전국 축제가 줄잡아 20개나 된다. 명실 공히 축제 강국이다.

　지역 축제의 풍년은 방송하는 입장에서 볼 때 상당히 바람직한 현상이다. 카메라만 들이대면 일단 그림이 되고, 재미 면에서 기본은 해주니까 말이다. 아침 저녁에 하는 띠 프로그램에서 쉽게 한 구다리(꼭지를 이루는 한 팩트를 뜻하는 방송 은어) 말기에 딱이다. 아이템 없어 똥줄

탈 때 유용하게 활용되니, 축제위원장님에게 감사패라도 안겨주고 싶은 심정이다.

이렇게 콧구멍 만한 나라의 지역축제도 그림이 되는데, 하물며 이름 석 자만 대면 다들 알 만한 세계적인 축제는 오죽하겠는가. 나는 운좋게도 세계 맥주 축제의 양대산맥을 두루 섭렵한 바 있다(이 자랑을 하려고 사설이 길었던 점, 양해 바란다). 하나는 독일의 대표적인 가을 축제인옥토버페스트고, 다른 하나는 한여름에 열리는 삿포로 맥주 축제다.마치 도장깨기를 하듯 이태원 일대를 누비며 핫한 펍을 뚫고 다니는맥주 마니아인 내게 얼마나 은혜로운 기회였는지 모른다.

역사와 전통을 자랑하는 옥토버페스트는 여지없이 이름값을 증명한다. 맥주 한 잔이 1000씨씨나 되는 걸 보면 독일 사람은 술을 물처럼마신다는 풍문이 괜한 뜬소문은 아닌 듯싶다. 우리 민족도 술하면 어디 가서 꿀리지 않는 편이지만, 독일인 앞에서는 목에 두른 깁스를 풀어야 할 판이다. 축제 규모 역시 가히 압도적이다. 여의도 공원 크기의두 배에 좀 못 미치는 10만 평 부지에 천막 주점이 설치되고, 전세계에서 700만 명이 몰린다고 하니, 축제를 제대로 즐기려면 철저하게 대비할 필요가 있다.

<옥토버페스트 실패 없이 즐기는 방법>

1. 아침부터 일찌감치 줄서라. 여유부리며 느즈막히 갔다가는 인원제한에 걸려 눈물을 머금고 되돌아가기 십상이다. 자리 경쟁이 치열하니 오픈하는 오전 열 시를 공략하자.

2. 놀이기구를 즐겨라. 월미도풍의 놀이기구를 단돈 7유로에 모시고 있다. 보기에는 허술해 보여도 강도가 높으니 황천길을 미리 체험해보고 싶은 분에게 강추한다. 단, 음주 후에 타는 건 구토 가능성이 있어 절대 비추다.

3. 독일 전통의상에 도전해보자. <내 친구의 집은 어디인가>에서 외국인 출연자들이 전통의상을 입고 옥토버페스트에 참여한 장면을 봤다면 아실 거다. 제대로 갖춘 코스튬은 흥을 돋우는 최고의 기폭제다. 시내에서 쉽게 구입할 수 있으니 도전해보자.

4. 주량을 오버해서 마시지 말자. 축제 기간에 판매되는 맥주는 5.8~6.3퍼센트로 알콜 도수가 좀 더 높다고 하니, 주량 이상의 음주는 삼가도록 하자. 숙소에 제 발로 못 찾아가는 수가 있다.

옥토버페스트가 유독 내 기억에 아름답게 남아있는 건 우연찮게 알게 된 한 가족 때문이다. 테이블 잡는 게 하늘의 별따기라는 소문을 실감하며 한 손에 1리터나 되는 잔을 위태롭게 들고 자리를 물색 중이었는데, 그 모양이 안쓰러웠는지 본인들 자리를 좁혀 의자를 내어준 가족과 합석을 했다. 한국이라는 낯선 땅에서 온 여행자가 신기했는지 잘 통하지도 않는 영어로 서툴게 대화를 이어가다, 인상 좋은 아저씨가 갑자기 주머니에서 주섬주섬 뭘 꺼내더니 십자가 펜던트 하나를 내게 건넸다. 결코 값나가는 물건은 아니지만 뭐라도 주고 싶다는 따뜻한 마음이 고스란히 전해졌다. 선물 받은 십자가는 아직도 내 서랍 속에 한자리를 차지하고 있다. 그만큼 특별하다.

한편, 일본도 둘째가라면 서러운 맥주 천국이다. 일본 맥주 마니아라면 반드시 거쳐야 할 코스가 바로 삿포로 맥주 축제다. 산토리, 기린, 아사히, 삿포로 부스 중에서 취향대로 골라잡으면 되는데, 국내에서 절대 구경할 수 없는 신메뉴를 한 번에 시음할 수 있는 절호의 찬스다. 단, 높은 가격대로 악명이 높은 만큼 축제를 충분히 즐기려면 일단 지갑에 엔화를 충분히 장전할 필요가 있다. 맥주 380밀리리터 한 잔 가격이 보통 550엔, 안주는 500엔부터 시작해 덮어놓고 마시다보면 출혈이 만만치 않다.

옥토버페스트와 달리 야외에서 행사가 진행되는 터라 여름밤의 낭만을 만끽하기에 제격이라는 게 삿포로 맥주 축제의 최강점이다. 시원한 밤공기와 적당히 히야시된 맥주의 조합은 물냉면과 불고기쌈의 조합을 능가한다. 분명, 맥주와 내가 하나가 되는 물아일체의 신비를 경험할 수 있을 거다. 솔직히 서울의 풍경과 별반 다를 것 없는 삿포로의 첫인상에 실망부터 했던 게 사실인데, 맥주 축제 덕에 이미지가 제

대로 반전됐다.

세계적인 양대 맥주 축제를 경험한 내가 내린 결론은 다음과 같다. 맥주는 천막 아래에서 마시든 지붕 없는 하늘 아래에서 마시든 언제나 옳다는 사실. 여행자의 지친 밤을 달래는 데 이만큼 달콤한 게 또 있을까? 그나저나 계속 말하다 보니 또 한잔이 생각난다.

에라 모르겠닷!

짐 쌀 때
챙기면
유용한 것들

솔직히, 할 수만 있다면 집을 통째로 싸짊어지고 가고 싶다. 굳이 따로
설명하지 않아도 여자 여행자에게 짐싸기의 중요성은 두말하면 입만
아프다. 남자 여행자들이야 준비물 한두 개 빼먹고 와도 '이가 없으면
잇몸으로'라는 심정으로 어떻게든 버틴다지만, 여자들은 그게 잘 안
된다. 태생이 그런 걸 어쩌겠는가. 그래서 힘든 거다. 하지만 캐리어
공간은 한정적이고 내 어깨가 감당할 수 있는 무게도 한계가 있으니,
짐을 꾸릴 땐 최대한 머리를 굴려야 한다. 필요한 것과 필요하지 않은
것을 구분하는 냉철한 판단력과 짐의 부피를 최소화하는 지혜를 발휘

해야 할 필요가 있다. 한 마디로, 짐을 꾸릴 때 반드시 기억해야 할 키워드는 '미니멀리즘'이다.

여행 가방의 미덕은 미니멀리즘

먼저 짐싸기의 기본 원칙부터 얘기해보자. 여행 짐은 일주일 전부터 싸기 시작하는 게 안전하다. 아무리 준비물 리스트를 꼼꼼히 뽑는다 해도 놓치는 게 분명히 있고, 캐리어를 차지하는 공간을 봐가며 넣을지 말지를 고민해야 하기 때문이다. 일단, 무거운 물건은 아래(바퀴쪽), 비교적 가벼운 물건은 위, 가장 많은 비중을 차지하는 옷가지는 돌돌 말아 부피를 줄이는 것쯤이야 어지간하면 다 아는 정보일 거다. 여기서 포인트는 투명 지퍼백의 활용에 있다. 양말이며 속옷, 각종 화장품, 상비약 등은 종류별로 지퍼백에 보관해 한 눈에 볼 수 있도록 한다. 힘들여 챙겨와 놓고서 어딨는지 찾질 못해 속 터지는 불상사를 미연에 방지할 수 있다. 여행지에 가서도 다양하게 활용되니(세탁하기 어려워 입다 벗어놓은 속옷이나 양말 등을 보관한다거나) 여분을 충분히 챙기길 권유한다.

사소하지만 유용한 것들에 대하여

이제 챙겨 가면 은근히 유용한 것들을 알아보자. 먼저 1회용 비닐 헤어캡이다. 샤워할 때는 물론이고 운동화 같은 신발을 한 켤레씩 보관할 때 특히 매력을 발산한다. 더스트백 역할을 톡톡히 해 캐리어 내부를 더러움으로부터 해방시켜준다. 다이소에서 대여섯 개에 단돈 천 원에 모시고 있으니 비용 부담도 없다.

기초 화장품은 필요한 만큼 덜어 쓸 수 있는 투명 용기가 유용하다. 무지MUJI나 올리브영에 가면 스킨, 로션 통은 물론 미스트병처럼 분사되는 다양한 형태의 용기를 저렴하게 구입할 수 있으니 활용하도록 하자. 여기에 집에서 쓰던 분무기 헤드만 챙겨 가면 다림질 기능까지 누릴 수 있다. 자기 전 물 분사 몇 번이면 아주 감쪽같다.

그리고 여행지에서는 평소 운동량의 100배 이상을 소화하는 경우가 많은데, 이때 꼭 필요한 게 부은 발바닥, 다리에 붙이는 패치다. 알밴 다리 부여잡고 밤잠을 설치고 싶지 않다면 반드시 챙겨가도록 하자. 10만 원을 호가하는 마사지 효과를 단돈 몇천 원에 볼 수 있다. 자고로 발이 편해야 여행이 편하다.

비타민과 스카프도 반드시 챙겨가야 할 필수 준비물이다. 낯선 여행지에 가면 면역력이 떨어지기 마련인데, 목을 보호하는 스카프와 각종 영양제만으로도 충분히 감기를 예방할 수 있다. 컨디션 난조로 숙소에서만 쳐박힌 채 바깥 구경은 언감생심 꿈도 못 꾸게 된다면 억울해서 제 명에 못 죽는다. 감기에 철통같이 대비하도록 하자.

또 한 가지 빼놓으면 안 되는 준비물이 있다. 아무리 현지 입맛에 잘 적응하는 유연한 미각의 소유자라도 여행이 길어질수록 본능적으로 당기는 맛이 있다. 신라면 스프 특유의 맵고 짠맛이 그 답이다. 타국에 갈 때마다 실감하는 거지만, 특히 나의 혓바닥에는 '신라면' DNA라도 있는 듯하다. 유럽이든 뉴욕이든 홍콩이든 신라면을 먹지 않은 기억이 없다. 세계 어느 도시의 슈퍼마켓에서도 쉽게 구입할 수 있으니 천만다행이다.

하지만 되도록 한국에서 사 가길 추천한다. 이유는 간단하다. 한국에서 파는 신라면이 더 맛있으니까! 제조사의 한 신문사 인터뷰에 따르면 어차피 한국 공장에서 만들어 수출하는 거라 맛의 차이는 없다지만, 내 입이 다르게 느끼는 걸 어찌하겠는가. 비단 나만의 문제제기가 아니라 대부분의 여행자가 공감하는 부분이니 믿으시라. 기사에 따르면 스프는 동일하고 멀리 배 타고 가야 하는지라 면만 두 번 튀긴다고 하는데, 여기서 맛이 달라졌을지도 모르겠다. 물론 심증만 있으니 정확한 건 모른다. 일단 컵라면 용기는 가차 없이 버려 부피를 줄인 후, 지퍼백에 면과 스프만 넣어 가면 준비 완료다. 타향에서 입이 향수병으로 고생할 때 끓여먹는 신라면은 열 보약 안 부럽다. 죽은 미각도 되살리는 마력을 발휘한다.

마지막으로 추천하는 필수 항목은 넉넉하게 짐을 때려 넣을 수 있는 특대형 타포린 가방(480*420*150센티미터)이다. 부직포라 무게감도 없고 소재 특성상 잘 접혀서 가져갈 때도 부담이 없다. 여행지에서 특별히 쇼핑을 즐기는 사람이 아니더라도 귀국 날이 다가올 때쯤이면 보통 짐이 두 배로 늘어나는데, 타포린 가방이 이 불어난 짐을 처리할 때 보조가방 역할을 톡톡히 한다. 온라인 쇼핑몰에서 7천 원 내외로 저렴하게 구입할 수 있으니 챙겨가는 게 이득이다. 그밖에, 해외에서 영어와 씨름하느라 고군분투 하다보면 자연스럽게 한글이 그리워지기 마련이므로 종이책도 필수! 게스트하우스에 묵을 예정이라면 필히 슬리퍼(기내용품으로 나올 때 일단 모셔두는 게 상책)를, 그리고 최근 반입금지 품목에서 제외됐다는 손톱깎이도 필요할 때 없으면 아쉬우니 잘 챙기도록 하자. 이렇게 짐싸기만 야무지게 잘해도 여행의 만족도를 한층 올릴 수 있으니, 참고하시길 당부드린다.

여행도
연습이 필요해

여행자는 성향에 따라 크게 두 파로 나뉜다. 패키지파와 자유여행파다. 간혹 가이드 손에 든 깃발에 의지해 떼로 몰려다니는 패키지여행을 여행 축에도 끼워주지 않고 폄하하는 이들이 있는데, 글쎄, 꼭 그렇지만도 않는 것 같다. 나 역시 자유여행을 선호하고 혼자 떠나는 여행을 즐기는 편이지만, 패키지와 자유여행을 두루 경험해본 바, 일장일단이 있다.

혼자 여행을 떠나고는 싶으나 해외여행이 망설여지는 초심자에게 패키지여행은 좋은 교보재다. 무엇이 됐든 처음부터 능숙한 사람은 없다. 여행도 연습하면 할수록 기술이 진화하게 돼 있으니, 친절한 패키지여행으로 연습하도록 하자.

사실 주변을 보면 여행이란 게 가던 사람이 또 가지, 안 가는 사람은 시간 있고 돈 있어도 절대 안 간다. 사정이야 여러 가지겠지만, 해외여행을 무서워서 못가겠다는 사람이 의외로 많다. 공항에서 엉뚱한 비행기를 타서 국제미아 되는 거 아닐까, 생전 처음 가본 이국땅에서 길도 못 찾고 헤매는 거 아닐까, 혹시 재수 없게 강도라도 당해 돈을 뺏기면 어쩌나 겁이 난다는 거다. 이렇게 혼자 떠나는 해외여행이 쉽게 엄두가 나지 않는 분들이야말로 패키지로 첫 걸음마를 떼시는 것이 좋다.

예행 연습하기 딱 좋은 게 뭐가 있을까. 바로 '단기 패키지여행'이다. 장기로 가면 자유여행이 비용 면에서 월등히 경제적이기 때문에 굳이 중장기 패키지를 선택할 이유가 없다. 일예로, 보통 패키지여행의 경우 일주일짜리 유럽 여행만 해도 비용이 350만 원 선을 웃돌지만, 나는 300만 원도 안 되는 경비로 한 달 간 런던과 파리를 여행한 바 있다. 이틀에 한 번 꼴로 뮤지컬도 보고, 제이미 올리버의 〈피프틴〉 같은 유명 쉐프의 식당도 다니며 말이다. 충분히 가능한 이야기다. 일단, 자세한 건 다음 파트에서 다루기로 하자.

패키지의 선택은 자유 일정이 있는 '혼합형'으로!

보통 패키지여행은 전 일정을 단체로 움직이는 일체형과 하루 이틀 정도 자유 일정이 주어지는 혼합형이 있는데, 후자 쪽을 추천한다. 이틀가량 가이드의 인솔 하에 타이트한 스케줄로 도시 탐방을 하다 보면 대략적인 공간 개념은 물론 물가, 교통 시스템 등의 분위기 파악 정도는 할 수 있게 된다. 내 취향이 미술관이나 박물관 같은 문화지향파인지, 아니면 골목길 구석구석을 걸으며 여유롭게 다니는 사람구경파인지도 말이다.

이제 자유시간이 허락되는 날, 지도 한 장만 들고 내 취향껏 도시를 즐기기만 하면 된다. 호텔방에서 나와 눈여겨본 식당에서 주문도 해보고, 대중교통도 혼자 이용해보고 나면 깨달을 것이다. '사람 사는 데는 다 똑같구나.' 낯선 도시에 대한 두려움만 한 꺼풀 가셨을 뿐인데도 놀라우리만치 친근한 느낌을 받게 된다. 이런 생각이 들었다면 혼자 자유여행을 떠날 마음의 준비는 다 갖춘 셈이다.

한때, 패키지여행하면 '상하이 3박 4일 199,000원' 같이 초특가 전략으로 일단 상품부터 팔아먹고 옵션이나 쇼핑으로 본전을 뽑아먹는다는 부정적인 이미지가 많았다. 계모임으로 동남아 다녀왔다는 친구 집에 놀러가 보면 여지없이 라텍스 베개가 떡하니 침대 한 켠을 차지한 걸 목격할 수 있다. 나 역시 라텍스 매장에 끌려갔다가 라텍스의 우수함을 찬양하는 간증을 보면서 잠깐 현혹된 경험이 있음을 고백한다. 요는 하루의 절반가량을 쇼핑 코스로 잡는 돈독 오른 악덕 여행사 탓에 패키지여행의 이미지가 그리 긍정적이지 않다는 것이다. 하지만 꼭 그렇지만은 않다는 걸 깨닫게 된 일화가 있었다.

뷰티 프로그램을 함께한 미모의 여자 피디 C씨가 있다. 평소 다이어트를 게을리 하지 않고 촬영이 없는 날이면 하이힐을 신을 정도로 무던히 외모관리에 철저하던 그녀는 평소 가족들과 패키지여행을 즐기는 편이었다. 한 번은 여름휴가 시즌에 여동생과 방콕 패키지여행을 떠났는데, 여행 일정이 마무리될 즈음 일행 가운데 그녀에게 관심을 보인 훈남과 사귀게 되었다고 한다. 역시 미모가 출중하다 보니 말로만 듣던 여행지의 로맨스도 쉽게 성사된 모양이다. 그런데 나중에 밝혀진 반전. 단순히 여행자인줄만 알았던 그 훈남의 정체는 여행사의 신입사원으로, 고객만족도를 관리 감독하고자 여행객으로 가장한 일종의 암행어사였다고 한다. 가이드마저 그의 신분을 전혀 눈치채지 못했다고 하니, 꽤 철저하게 감독하는 모양이다.

그때 알았다. 여행사에서는 패키지 상품의 만족도를 높이려고 그만큼 비용을 투자하고, 열과 성을 다한다는 점을 말이다. 다시 말해, 패키지여행이라고 여행자를 호구로만 생각하는 건 아니라는 거다. 부디 좋은 여행 상품을 선택해 제대로 활용해보시길 바란다.

패키지가 반드시 필요한 여행?

여기서 한 가지 보충하고 싶은 게 있다. 그럼 패키지여행은 초보만을 위한 상품일까? 천만의 말씀이다. 패키지여행자들이 반기를 들고 쫓아올 소리다. 나름 여행 내공이 탄탄하다고 생각하는 나 역시 요즘도 패키지를 즐기고 있으니 말이다.

내가 한 도시를 여행할 때 패키지로 갈지 자유일정으로 갈지를 결정하는 기준은 딱 두 가지다. '대중교통이 발달했는가?'와 '치안은 안전한가?'. 두 가지 중 하나라도 기준미달이면 볼 것도 없이 패키지를

선택한다. 혼자 여행하는 곳에는 버스나 지하철, 하다못해 툭툭이라
도 제대로 다니고 경찰이 내 시야 100미터 반경에는 보이는 게 좋다.
즐겁자고 떠난 여행에서 굳이 위험을 감수하며 스트레스를 받을 필요
는 없지 않은가. 여자 혼자 여행할 때는 첫째도 안전, 둘째도 안전이
다. 도처에 위험요소가 깔려 있다거나 이동에 제약이 많은 도시라면
되도록 패키지를 이용하도록 하자.

Episode 5.
낯부끄러운 반성문

깊이 반성한다. 지금 이 시간, 낯부끄러운 지난 과오를 고해성사 하고
자 한다. 때는 2007년 여름. 정확한 이유는 기억에 없지만 뜬금없이 앙
코르와트에 꽂힌 나는 캄보디아 여행을 계획했다. 어딘가 신성한 기
운을 내뿜는 고대 유적의 자태가 왠지 근사해 보였던 모양이다. 세 개
의 솔방울을 뒤집어 놓은 것 같은 형상을 한 앙코르와트는 그 옛날 찬
란했던 크메르 문화의 상징 그 자체다. 캄보디아 국기의 전면에 등장
할 정도니 말 다했다.

앙코르와트가 있는 씨엠립에는 앙코르와트 외에도 타프롬 사원 등
고대유적지가 많아 안젤리나 졸리를 여전사로 각인시켜준 영화 〈툼

레이더〉의 주요 배경이 되기도 했다(이를 증명이라도 하듯 번화가의 상점 곳곳에서 안젤리나 졸리의 흔적을 쉽게 목격할 수 있으며, 특히 그녀가 즐겨 찾았다던 식당 '레드 피아노'는 빈자리 차지하기가 하늘의 별따기다). 애초에 인간의 것이 아닌 듯 신비로운 매력을 발산하는 문화유적, 그리고 무엇보다 망고 한 바구니에 1달러에 불과한 저렴한 물가에 얼마나 감탄했는지 모른다. 캄보디아는 나에게 부족함 없는 최상의 여행지였다. 그런데 뭐가 부족해서 나는 왜 캄보디아를 낯부끄러운 여행지로 기억하는가. 각설하고, 모든 건 철저하게 나의 무지에서 비롯됐음을 인정한다.

대중교통은 고사하고 거리에 신호등 하나 없는 씨엡립의 도로는 무법천지나 다름없다. 치안마저 안전하지 않다는 풍문을 들은 터라 패키지 상품으로 출발했는데, 다행히 나처럼 혼자 온 여자 손님이 있어 한 방을 쓰게 되었다. 이 말인 즉, 혼자 온 여행자가 물게 되는 호텔방 오버차지를 단 1달러도 내지 않아도 된다는 애기다. 무려 40불 이상을 절약한 셈. 이쯤에서 나는 만족했어야 했다.

여장을 푼 다음 날부터 본격적인 일정이 시작됐는데, 저가 패키지 여행의 특성상 하루에 하나씩 옵션이 꼭 끼어 있었다. 그런데 옵션 하나당 비용이 우리 돈으로 따져보니 몇만 원을 호가했다. 캄보디아의 물가에 비하면 말도 안 되게 비싼 가격이라 모르면 몰랐지 알고도 그 돈을 주고 하기가 죽도록 싫었다. 그때부터 호텔방 룸메이트와 모종의 합의를 했다. 옵션을 강요하는 가이드를 뒤로 하고 단독 행동을 하기로 한 거다. 남들 평양식당 갈 때 몰래 빠져서는 다음 날 따로 먹으러 가고, 단체 마사지 역시 거부하고 미리 알아둔 마사지숍으로 직행했다. 현지 물가대로 값을 치렀으니 옵션가와는 비교 불가하게 저렴한 건 물으나 마나다. 전신 마사지 옵션 가격이 35달러라 치면, 우리가 지불한 비용은 10달러도 채 되지 않는다.

비용을 절약했다는 쾌감도 잠시, 뒤통수가 간질간질하다. 이쯤 되면 가이드 아저씨의 짜증이 폭발 직전임은 불 보듯 자명한 사실이다. 얌체 같은 여자 둘이서 패키지의 장점만 쏙쏙 빼먹고 옵션 할 때마다 미꾸라지처럼 빠져나가니 열통깨나 터졌을 거다. 그때만 해도 사태 파악이 안 된 나는 내가 하는 게 잘하는 짓인 줄만 알았다. 폭리를 취하는 옵션이 부당하다 생각했는지, 아니면 성공적으로 비용을 줄였다는 사실을 자랑하고 싶었던 건지. 하여간 지금 생각하면 낯 뜨거워서 쥐구멍에라도 숨고 싶다.

패키지여행은 그 상품만의 룰이 있는 거다. 저렴한 가격대를 제시하고, 대다수의 욕구를 만족시킬 만한 안정적인 코스를 정해주고, 그 대신 옵션이라는 조건을 거는 거다. 무슨 자원봉사단체도 아니고 이윤 추구 없이 퍼주기만 할 이유가 여행사에는 전혀 없다. 그리고 무엇보다 중요한 건, 대개 현지 가이드 분들은 여행사에서 월급을 따로 받지 않고 팁이나 옵션으로 수입을 창출한다는 사실이다. 나는 그 분의 귀한 수입을 갉아먹고 있었던 거다. 명백한 반칙이다. 이렇게 제멋대로 굴 거면 자유여행을 하는 게 맞다.

혹시 사람 눈빛으로 뺨 맞아 본 적 있는가? 나는 있다. 5박 6일 일정을 소화하는 동안 가이드 아저씨는 우리에게 날카로운 눈빛을 쏘아대곤 했다. 이러다 한판 싸움나는 거 아닐까 내심 걱정 될 정도였다. 나는 뒤늦게나마 상황을 파악하고는 여행 말미 즈음 아저씨에게 화해의 제스처를 취했다. 괜히 이런 저런 얘길 꺼내 말을 붙였는데, 속이 좀 풀리셨는지 내게 MBC 공채 탤런트 출신이라는 과거사부터 가족 얘기까지 술술 털어 놓았다. 그러고 보니 키도 훤칠하고 인물이 번듯한 게 꽤 미남형이다. 한국에서 일이 잘 풀리지 않아 여기 캄보디아까지 흘러와서 살게 되었노라 했다. 나 역시 MBC에서 일하는 방송작가라고 신분을 밝히니, 늘 뾰족하게 날 서 있던 눈빛이 한결 부드럽게 변한다. 뭔가 MBC라는 공통분모가 반가우셨던 모양이다. 그 덕에 캄보디아 여행은 무탈하게 잘 마무리 되었으니, 천만다행이다.

부끄러웠던 그 시절의 교훈으로, 요즘은 패키지여행을 가면 군말 없이 옵션 일정을 소화한다. 그게 패키지여행의 룰이므로. 타인에게 민폐 끼치는 것만큼 추한 것도 없다.

Level 3: [실전편]
여행지에서 바로 써먹는
본격 기술

비행기값
건지는 법

그런 사람이 있다. 남들은 돈 쓰러 여행 가는데 반대로 돈을 벌어오는
사람. 딴지일보 총수 김어준이 그런 유의 사람이다. 유럽 배낭여행을
하던 중 귀신에 홀린 듯 휴고보스 매장에 들러 명품 정장을 질러버린
그는 순식간에 빈털터리 신세가 됐지만, 여행경비를 마련하기 위해
숙박업소의 삐끼로 전격 취업에 성공! 급기야 보름 만에 200만 원의
수입 창출에 성공했다는 일화가 있다. 알 만한 사람은 다 아는 유명한
일화다. 혹여 비행기값 건지는 법을 이런 식으로 이해했다면 잘못 짚
었다. 우리 대다수는 비범과는 거리가 먼 사람들이고, 더더군다나 우
린 김어준이 아니다. 섣부른 도전정신은 당신의 육체에 해로울 수 있

으니 삼가도록 하자.

우리는 우리가 할 수 있는 걸 하면 된다. 여행 가서 돈 벌어 오는 가장 쉽고 간단한 방법은 돈을 많이 쓰는 거다. 이거 뭔 개뼈다귀 같은 소리냐 싶겠지만 사실이다. 단, 잘 쓰면 된다.

쇼핑만 잘해도 돈 번다!

유럽 여행을 앞두고 한창 인터넷 까페를 기웃대던 시절, 한 친절한 여행자가 파리에서 구입한 샤넬백부터 화장품, 각종 기념품의 가격과 매장 위치를 꼼꼼하게 올려둔 걸 봤다. 파리 여행을 앞둔 여성 동지들 참고 하시라는 따뜻한 의도가 엿보였다. 그런데 그 아래 달린 댓글 중 하나가 집중 공격을 당하고 있었다. 쇼핑이나 하러 다니는 게 무슨 여행이냐는 힐난의 댓글에 "그럼 인도에 가서 자아성찰이라도 해야만 여행이냐"며 가열찬 돌팔매질이 가해진 거였다. 여행의 가치에 대한 판단기준은 온 세상 여행자의 머릿수만큼이나 다양할진대, 그 악플러의 편협한 사고방식이 안타까울 따름이다. 결정적으로, 여행에서 쇼핑만큼 돈 벌어오는 것도 없는데 말이다. 그 분 참, 몰라도 너무 모른다.

기내 면세점 VS 공항 면세점! 어디가 쌀까?

여행 쇼핑의 출발점인 면세점부터 시작해보자. 분명 같은 용량의 에스티로더 갈색병인데 기내 면세 브로셔에 공항 면세점보다 훨씬 저렴한 가격대가 찍혀 있는 걸 목격한 경험, 한 번쯤 있을 거다. 당장이라도 환불해버리고 싶은 심정이지만, 기내 면세점이 무조건 공항보다 저렴하다는 보장이 없어 여간 고민되는 게 아니다.

기본적으로 기내 면세점은 비싼 임대료와 인건비를 부담할 필요가 없어 공항 면세점보다 저렴할 가능성이 높다. 또, 항공사는 기내라는 협소한 공간에서 다양하지 못한 상품을 판매한다는 이유로 의도적으로 공항 면세보다 합리적인 가격 경쟁을 펼치기도 한다. 공항 면세와 다를 게 없다면 굳이 기내에서 쇼핑할 이유가 없기 때문이다. 하지만 기내에서 살 수 있는 품목은 제한적이니, 꼭 사야 할 물건이 있다면 항공사 홈페이지에서 미리 확인하는 게 좋다.

또한 위에서도 말했듯이, 기내 면세점이 반드시 공항보다 저렴한 것은 아니다. 이때 기억해야 할 키워드는 바로 환율! 공항 면세점은 실시간으로 변동되는 환율을 적용해 판매하는 반면, 기내 면세점은 목록과 가격을 미리 정해 1개월 정도 판매한다. 다시 말해, 환율이 오름세라면 기내 면세점이 유리하고, 환율이 하락세라면 실시간으로 적용되는 공항 면세점이 유리하다는 얘기다. 다시 말해, 환율의 추세에 따라 쇼핑하면 한 푼이라도 아낄 수 있으니 명심하도록 하자.

"어머! 이건 꼭 사야 돼~"
4대 도시 쇼핑 노하우 대방출

뉴요커의 국민 신발로 통하던 '토리버치'의 플랫슈즈는 우리나라 백화점에서는 35만 원을 호가하지만 미국 현지에서 사면 20만 원가량이다. 80만 원대 가격표를 달고 진열되어 있는 '마크바이마크제이콥스'의 토드백도 미국에선 50만 원도 안 되는 값에 팔린다. 코스메틱 브랜드인 '키엘'에서도 10만 원이면 수분크림에 로션, 토너까지 모조리 쓸어올 수 있다. 바로 '원산지 프리미엄'이다. 여행하는 도시마다 원산지 브랜드만 잘 공략하면 비행기값 건지는 것쯤 시간문제다.

그럼 뭘 사야 쇼핑 잘했다고 소문이 날까 고민하는 분들을 위해 족집게 과외 들어가겠다. 먼저 쇼핑천국 뉴욕부터 출발해보자. 블랙프라이데이가 시작되는 추수감사절부터 크리스마스까지가 최고의 쇼핑 시즌이긴 하나, 그만큼 항공권 값이 폭등하니 자칫 본전도 못 건질 수 있다. '갭', '바나나리퍼블릭', '아베크롬비' 같은 메이드 인 USA 의류 브랜드는 때를 가리지 않고 저렴하게 구입할 수 있으며 국내에서도 인기가 좋으니 선물용으로 놓치지 말자. 바디제품을 찾는다면 '빅토리아시크릿'이나 '배스앤바디웍스'Bath& Bodyworks'를 공략하자. 특히 '배스앤바디웍스'는 향이 200가지가 넘어 선택의 폭이 큰 게 특장점이다. 게다가 국내에 출시되지 않은 희소성에 가격까지 초저렴이라 안 사면 손해다.

블루밍데일스 백화점에서는 여권을 제시하면 10퍼센트 할인 쿠폰을 주니 필히 챙기도록 하자. 아울렛 쇼핑을 할 거라면 우드버리보다는 센츄리21을 추천한다. 여주 아울렛과 별반 차이가 없는 우드버리에 귀한 하루를 투자하느니 접근성 좋은 센츄리21을 자주 들르는 편이 득템할 확률을 높인다. 대부분 이월상품이라 할인 폭이 커 운 좋으면 거저 가져가는 행운을 누릴 수도 있다.

또, 뉴욕하면 샘플세일을 빼놓을 수 없다. 명품 브랜드를 80퍼센트 할인된 파격가에 득템할 수 있는 절호의 찬스지만 사이즈와 수량이 한정되어 있어 경쟁이 치열하다는 게 함정. 늦게 가면 국물도 없으니 되도록 오전 시간을 공략하고, 일단 공지 뜨면 문 열기 전부터 줄 서 있을 각오를 하자.

▶ 뉴욕 샘플세일 정보 달력

https://thestylishcity.com/sample-sales-calendar

런던 역시 크리스마스 시즌이 가장 저렴하게 쇼핑할 수 있는 기회다. 단, 크리스마스 직후인 27~28일 사이에는 물건이 바닥나 사라져버린다. 그러니 타이밍을 잘 살펴야 한다. '버버리' 등 영국 명품 브랜드도 좋지만, 이왕이면 국내에 아직 들어오지 않은 'TOPSHOP'을 공략해보자. 'TOPSHOP'은 얼마 전 뉴욕의 패션 1번지인 소호점에 진출했을 만큼 감각이 돋보이는 핫한 아이템이지만 런던에서는 고개만 돌리면 보이는 대중적인 브랜드다. 특별한 세일기간이 아니더라도 일부품목은 항시 할인가에 팔고 있으며, 날짜가 지날 때마다 세일폭이 커져 타이밍만 잘 잡으면 헐값에 업어갈 수 있다. 나 역시 침 발라났던 30파운드짜리 원피스를 5파운드에 득템하고 쾌재를 불렀다. 특별히 유럽풍의 스타일을 찾는다면 노팅힐의 로드숍을 추천한다. 10파운드만 주면 웬만한 옷 한 벌은 건질 수 있다.

파리에서는 화장품을 공략하는 게 현명하다. 특히 한국 쇼퍼의 성지나 다름없는 '몽쥬 약국' 하나만 잘 공략해도 돈 버는 여행이 될 수 있는데, 워낙 제품이 다양해 구입해야 할 목록을 사진으로 찍어 가면 시간을 절약할 수 있으니 기억하자. 또 폭발적인 인기 때문에 경쟁이 치열하니 원하는 제품을 꼭 득템하고 싶다면 오전을 공략하는 게 좋다. '사는 게 곧 돈 버는' 대표 아이템은 다음과 같다.

1. 유리아쥬 립밤 2. 꼬달리 핸드크림 3. 달팡 4. 아벤느 5. 눅스 오일

6. 르네휘떼르 7. 바이오더마 8. 라로슈포제 9. 시슬리 10. 발몽

개인적으로는 '아가타'를 추천한다. 우리나라의 반값 수준으로 헤어핀부터 귀걸이, 목걸이 등 선물용으로 환영받을 만한 액세서리를 득템할 수 있어 좋다. 하나 덧붙이자면 파리에서는 한 매장에서 175유로 이상 구매하면 15퍼센트까지 세금을 환급해주니, 품목별로 쇼핑리스트를 정해 이왕이면 한 매장에서 해결하는 걸 추천한다.

마지막으로 홍콩이다. 백화점 일곱 개를 합쳐놓은 사이즈인 하버시티에서 말로만 듣던 중국 떼부자가 명품을 갈퀴로 쓸어 담는 걸 목격하고는 실감했다. 홍콩은 명실공히 명품쇼핑의 메카라는 걸 말이다. 나에게는 언감생심이지만 세일 기간을 잘만 공략하면 돈 버는 쇼핑, 충분히 가능하다. 여름과 겨울에 빅세일을 실시하지만, 대박 시즌은 단연 연말연시다. 세일폭이 30퍼센트에서 시작해 1~2월이 되면 무려 80퍼센트까지 확대된다. 가장 많은 수요가 있는 55~66 사이즈, S~M 사이즈는 빨리 품절되니 서둘러야 한다. 특히 홍콩에서는 '발리', '페라가모', '구찌' 등의 명품 구두가 저렴하다고 하니 도전해보시기 바란다.

....

★ TIP 정리 ★

100퍼센트 성공한 여행 선물 쇼핑리스트

▶**일본: 한국에서도 인기가 좋은 '센카' 퍼펙트 휩이 300엔대, 가장 많이 선호하**

는 뷰러인 '시세이도'의 아이래쉬 컬러는 800엔대, '하다라보' 고쿠준도 3분의 1 값이다.

약국 쇼핑도 놓치지 말자! '로이히' 동전파스는 500원짜리 동전 크기로 근육 뭉친 곳에 몇 개 붙이면 효과를 발휘한다. 우리나라의 후시딘처럼 집집마다 하나씩 쟁여두고 쓰는 '오로나인 연고'도 있는데, 여드름이나 뾰루지는 물론 가벼운 화상이나 각종 상처 등 웬만한 피부질환에 다 사용되는 전천후 연고다. 또, 100년 전통을 자랑하는 '오타이산'이라는 소화제가 있는데, 소화불량일 때 특효! 한동안 극심한 소화불량에 시달렸을 때 유용하게 사용한 바 있다. 막혔던 게 아주 쑥 내려간다. 주로 가정용 상비약으로 쓰는 약품이라 가격대도 저렴하면서 실용성도 높아 선물용으로 딱!

▶뉴욕: 홀푸즈마켓에 가면 '버츠비' 전제품을 헐값에 살 수 있으니 일단 싹쓸이 할 것! 특히, 만원대로 구입 가능한 '맥' 립스틱은 필수 품목! '빅토리아시크릿', '배스앤바디웍스'의 바디제품과 향초는 누가 시키지 않아도 20~30개씩 집어오게 되어 그 덕에 주변에 인심 한 번 잘 썼다. 미국 역시 드러그스토어를 잘 공략해야 한다. 저렴한 가격에 구입할 수 있는 종합영양제 '센트룸'과 인기상종가의 미백제품인 '콜게이트 치약'은 필수로 사자! 무조건 환영받는 선물이다.

▶영국: 홍차의 나라 영국에서 반드시 가야할 곳 '위타드'! 주전자와 종이컵이 준비되어 있어 시음 후 원하는 종류의 티를 선택할 수 있고, 각종 티웨어도 저렴한 가격에 구입할 수 있다. 9년 전에 사온 찻잔 세트를 지금까지 멀쩡하게 사용할 정도로 내구성이 강한 게 특징! 무조건 질러야 하는 품목이다.

환 / 하 / 신 & 환 / 상 / 현의 법칙

암호가 아니다. 쇼핑으로 돈 버는 마지막 팁이다. 여러분이 지갑을 열
때 기억해야 할 빛과 소금이라는 뜻이다. '환하신'에는 '환율 하락시 신
용카드', '환상현'에는 '환율 상승시 현금'이라는 깊은 뜻이 숨어있다.
여행지에서는 현금과 신용카드를 적재적소에 사용할 줄 알아야 한다.
이 단순한 법칙만 기억하면 깨알같이 경비를 아낄 수가 있다.

신용카드의 경우 대금이 승인되기까지 보통 3~7일 정도 소요되는
데, 카드대금 지급은 결제한 당일이 아니라 최종 승인되는 날이 기준

이다. 그러니 환율이 떨어지는 추세라면 결제금액을 1원이라도 줄여주는 신용카드가 유리하다는 얘기다.

그리고 또 하나, 카드를 긁을 때 점원이 현지통화와 원화 중에 어떤 걸로 결제할지를 물어도 당황하지 마시라. 그냥 현지통화로 지불하는 게 이득이다. 원화결제는 결제 수수료에 환전 수수료까지 붙어 6~8퍼센트의 높은 수수료를 지불할 수도 있으니 주의해야 한다. 나도 모르는 사이 영수증에 KRW이 찍혀 있어도 놀랄 것 없다. 즉시 취소하고 현지통화로 다시 결제하면 그만이다.

쇼핑으로 비행기 값 건지는 법, 알고 나니 참 쉽지 않은가. 아, 마지막으로 한 가지 더 보태자. 여행 다녀온 후 후회막급인 것 중 하나가 '살까 말까' 고민하다가 결국 '말까'를 선택한 경우다. 이미 버스 떠난 후에 손 흔들어봐야 소용없다. '사야 하나 말아야 하나'의 기로에 섰다면, 일단 지르는 게 답이다.

Episode 6.
누구나 한 번쯤 겪는 공항 트라우마

해외여행의 전 일정을 통틀어 가장 긴장되는 순간을 꼽으라면 열이면 열 '입국심사'라고 말할 거다. 나 역시 마찬가지다. 나름 공항 경험이 많다고 자부하지만, 무슨 면접대에 오른 사람처럼 심근이 조여드는 긴장감을 피할 길이 없다. 출발 전에 여행자 사이에서 떠도는 공항 괴담을 하도 많이 주워들은 탓이다.

일테면 이런 경우다. 입국심사대에서 대답 한 번 잘못 했다가 여행의 문턱에서 모든 게 올스톱 된 채 한국으로 되돌아갔다는, 눈물 없이 들을 수 없는 스토리 말이다. 그 사연의 주인공이 내가 되지 않으리라는 보장이 없으니, 긴장되지 않는 게 비정상이다.

하지만 모든 나라의 입국심사대가 사람 긴장 타게 만드는 건 아니다. 대개 GDP 상위권인, 불법체류를 심각하게 경계하거나 테러의 위협이 높아 철통같은 보안이 필요한 도시들이 그렇다. 일본이나 홍콩 등 같은 아시아권에서 한국 여행자는 어지간하면 무사통과다. 심사라고 부르기 무색할 정도로 여권에 도장이 자동으로 찍힌다. 그저 줄만 제대로 서면 된다. 하지만 미국과 영국은 사정이 다르다. 어디 후미진 구석으로 끌려가 취조 아닌 취조를 받았다는 소문도 무성하다. 괴담이 아주 풍년이다.

흔히 그렇듯 내 유럽 여행의 첫 관문 역시 런던이었는데, 빡빡하기로 명성이 자자한 만큼 만반의 준비를 필요로 했다. 우연히 알게 된, 어학연수 차 런던에 간다는 대학생의 손에는 예상 질문과 답변을 적은 컨닝 페이퍼가 한 페이지 가득이었다. 단순 여행자에게는 그렇게까지 압박 심사를 하지 않는다고는 하지만, 무슨 고시공부하듯 달달 외우는 그를 보니 긴장감이 배가 됐다.

단골로 등장한다는 "여기 온 목적이 뭐냐, 며칠이나 머물 거냐, 숙소는 어디냐" 등의 예상 질문에 대비해 연습하던 중 가장 신경 쓰인 질문은 바로 숙소와 관련된 거였다. 한국인이 운영하는 게스트하우스를 예약했는데, 게스트하우스 운영자로부터 입국신고서에 숙소 주소를 절대 쓰지 말라는 당부를 들었기 때문이다(보통 불법으로 운영되기 때문에 게스트하우스 주소를 쓰고 친척집이라고 둘러댔다가는 오히려 화를 입을 수 있다고 한다). 아무 호텔 주소나 쓰면 된다고 하기에 그리하긴 했지만, 혹시 호텔로 전화해 예약자 명단을 확인이라도 하면 어쩌나하는 두려움이 떠나지를 않았다.

내 순서가 찾아왔을 때, 나는 최대한 선량한 여행자처럼 보이려고 밝은 미소를 유지하며 입국심사대 앞에 섰다. 그리고 절대 이 나라에 돈 없이 눌러앉아 불법체류를 할 의도가 없음을 보여주려고 여차하면 복대에서 돈을 꺼내 보여줄 준비까지 마쳤다. 충분히 연습한 덕에 어지간한 질문은 무사히 넘어갈 수 있었다. 그런데 다음 행선지를 묻는 질문에서 막힌 거다. "브뤼셀"이라고 아무리 반복해서 말해도 전혀 말귀를 못 알아먹는 거다. "브! −뤼! −셀!"이라고 한 음절씩 또박또박 얘기해도 마찬가지였다. 내가 하는 영어가 전혀 통하질 않았다. 가족 오락관 스피드 게임이 따로 없다.

이대로 끝장난 건가하고 좌절하던 차에 배낭에서 가이드북을 꺼내 들은 나. 'Brussels'이라고 적힌 정확한 영문을 보여주고 나서야 입국 심사대를 무사통과할 수 있었다. 우여곡절 끝에 여권에 도장을 찍고는 겨우 한숨 돌렸다. 때로는 백 마디 말보다 문자 하나가 더 효과적일 수 있으니 참고하시라.

출국심사대에서 제대로 식겁한 적도 있다. 악명 높기로 소문난 파리 샤를드골 공항에서였다. 한 달간 유럽을 돌아보고 파리에서 아웃을 하는 일정이었는데, 체크인 카운터에서 티켓을 찾고 엑스레이 검색대를 통과하려는 순간, 문제가 생겼다. 키가 180센티미터는 족히 넘어 보이는 거구의 여직원이 성큼 다가오더니 뭔가 이상한 것이 발견됐다며 잔뜩 겁을 줬다. 어리둥절한 나를 보고는 검색대의 아저씨가 칼로 배를 푹푹 찌르는 시늉을 해보였다. 내 가방에서 칼이 나왔다는 거다. 순간적으로 스위스에서 산 맥가이버 칼이 떠올랐다. 단순히 기념품으로만 생각했지 위협적인 무기가 될 수도 있다는 건 생각지도 못했다.

그녀는 이 자리에서 당장 칼을 버려야 비행기에 탈 수 있다며 급기야 나를 윽박지르기 시작했다. 동생 주려고 이름까지 곱게 새긴 선물이라 차마 버릴 수 없노라고 사정해도 그녀는 막무가내였다. 계속 버리라는 말만 반복했다. 사람 주눅 들게 만드는 위압적인 말투로 말이다.

속상한데다 자존심까지 상해 혀끝에서 육두문자가 달싹달싹하던 차였다. 여차하면 크게 싸움판 나겠다 싶던 그때, 한 남자 직원이 다가오더니 캐리어에 맥가이버 칼을 넣고 짐을 다시 부치면 된다고 상냥하게 설명을 해주는 게 아닌가. 구세주의 등판이다.

이렇게 간단하게 해결할 수 있는 걸 그녀는 계속 버리라고 다그치기만 했던 거다. 결국 나도 맥가이버 칼도 무사히 비행기에 오를 수 있었지만, 강압적이던 그녀의 태도에 심히 상처받은 내 머릿속에 인종차별이라는 단어가 선명하게 떠올랐다. 말 안 통하는 아시아인이라 그런 취급을 받은 게 확실하다. 누가 말해주지 않아도 직감적으로 알 수 있다. 부디 여러분은 나와 같은 실수로 느끼지 않아도 될 감정 따위 경험하지 않기를 바란다. 진정으로.

출입국심사 공포를 이야기할 때 본인 이야기를 빼놓으면 서운해할 공항이 있다. 바로 뉴욕의 JFK 공항이다. 실제로 가장 살 떨리게 걱정한 곳이기도 하다. 9 • 11테러 이후 엄격하기가 칼이라는 소리는 진즉에 들었고, 엄한 짓 했다가 입국심사대에서 곧장 한국행 비행기를 타고 되돌아갈 수도 있다는 얘기도 귀에 딱지가 앉도록 들은 터였다. 심지어 항공사 승무원이 몇 번이나 당부했을 정도니, 걱정 되는 게 당연하다.

그런데 막상 심사대에 섰더니 기본적인 질문만 몇 개 던지고 통과시켜주는 게 아닌가? 질문은 ESTA로 왔냐는 것과 며칠이나 있을 건지 여부, 달랑 두 가지였다. 가슴을 쓸어내리며 안도하긴 했지만 괜히 너무 쫀 것 같아 내심 허무했다. 그런데 나중에 알고 보니 내가 상당히 운이 좋았던 거였다.

미리 예약해둔 한인 택시를 타고 숙소로 향하는 길, 드라이버 아저씨로부터 무시무시한 이야기를 들었다. 한인 택시 특성상 예약제로 운영되는데, 예약만 하고 못 탄 손님이 한둘이 아니라는 거다. 다시 말해, 입국심사대를 통과하지 못했다는 뜻이다.

가장 충격적인 이야기는 이거다. 유학차 뉴욕에 온 대학생이 공항 도착시간이 한참이 지나도록 연락도 안 되고 도통 밖으로 나오지를 않아 거의 세 시간가량을 대기하다 학생과 상봉하긴 했는데, 그의 행색이 영 말이 아니었다고 한다. 사연인 즉, 영어가 능통한 그 학생이 입국심사대에서 쓸데없는 말까지 늘어놓는 바람에 어딘가로 끌려들어 가 거의 발가벗겨지다시피 검문을 받은 후에야 겨우 공항에서 탈출할 수 있었다는 거다. 아저씨 왈, 그 학생이 수려한 영어실력을 뽐내고 싶은 마음에 묻지도 않은 질문에 주저리주저리 말하다 오해를 산 모양이라 했다.

순간, 단답형으로밖에 대답하지 못한 나의 짧은 영어실력이 어찌나 다행스러웠는지 모른다. 만약 내가 그 학생과 같은 상황에 처한다면……? 윽, 상상도 하기 싫다. 마지막으로 택시 드라이버 아저씨가 남긴 당부의 말씀을 덧붙이도록 하겠다.

"미국 입국심사대에서는 절대 영어 자랑하지 마라."

결국,
여행도
먹는 게 남는 것

남자들의 로망인 '자취하는 여자'로 살아온 지 올해로 10년차다. 자취생이라면 누구나 공감하겠지만, 혼자 해결하기 가장 귀찮은 게 바로 '먹는 문제'다. 특히나 하잘것없는 요리 실력 보유자인 나에게는 생존 문제와 직결되기도 한다. 과장이 아니다. 자취 초보 시절 툭하면 식사를 건너뛰고 대충 때우다 기어이 사달이 난 적이 있다.

가슴팍과 등짝이 마치 불에 덴 것처럼 후끈거려 거울을 봤더니 물집 투성이인 거다. 그 정체는 한 번 걸리면 입원신세를 면치 못한다는 대상포진! 그런데 엎친 데 덮친 격으로 하필이면 설연휴라 문 연 병원이 없었다. 피부가 타들어가는 고통에 눈물로 밤을 지새우다 연휴가 끝난 뒤에나 겨우 치료를 받을 수 있었는데, 원인인즉 영양결핍으로 인한 면역력 저하란다. 나는 그 때 깊은 깨달음을 얻었다.

'다 먹고 살자고 하는 짓인데……'

이 주옥같은 명제는 여행지에서도 유효하다. 간혹 먹을 돈 아껴서 반대급부로 뭔가를 계획하는 사람들을 보면 등짝을 한 대 때려주고 싶다. 정신 차리자. 여행에서는 '먹는 게 남는 것'이다.

파리 게스트하우스에서 며칠간 묵었을 때다. 한국에서 미리 구한 동행자와 2~3일정도 일정을 함께 했다. 그녀는 강남 모처의 연구소에서 고액 연봉을 받으며 근무하는 골드미스였다. 혹시 비싼 식당만 골라서 가자고 하면 어쩌나 하고 내심 긴장했는데, 웬걸, 쓸데없는 걱정이었다. 그녀와의 첫 식사 장소는 샹젤리제 거리에 있는 맥도날드! 심지어 메뉴 중에서도 가장 속에 든 게 없는 치즈버거 하나를 시킨 후 숙소에서 미리 챙겨온 요거트까지 주섬주섬 꺼내 식사를 하는 게 아닌가.

나 역시 맥도날드를 애정하지만, 파리에서 굳이 패스트푸드를 먹어야 할 이유가 궁금했다. 이건 미식 천국인 파리에 대한 모독이나 진배없다. 그녀의 논리는 "먹는 돈 아껴서 립스틱 하나 더 사는 게 이득이

다"라는 거였다. 자, 생각해보자. 물론 파리에서 화장품 사는 게 돈 버
는 거라는 건 지당한 말씀이다. 나 역시 수차례 강조한 부분이기도 하
다. 하지만 먹는 문제와 결부시키면 곤란하다. 파리에서만 먹을 수 있
는 음식은 한국에서 죽었다 깨어나도 못 먹는다. 우선순위가 뒤바뀌
어도 한참은 뒤바뀐 것 같지 않은가. 제발, 여행지에서 식사할 때만큼
은 아낌없이 지갑을 여시라.

가이드북에 소개된 식당 믿지 마라!

그럼 지금부터 해외여행에서 맛집 찾기 노하우를 이야기해보자. 먼저
가이드북이 소개하는 유명식당을 찾아가는 전통적인 방식이 있다. 그
런데 말이다. 성지순례 코스가 되어 버리는 가이드북의 그 맛집, 과연
진리일까? TV에 소개된 맛집에 한 번이라도 가 본 사람이라면 알 거
다. 빛좋은 개살구일 확률이 높다는 사실을.

　가게가 방송 전파를 타고 나면 순식간에 손님으로 문전성시를 이룬
다. 그런데 시청자 게시판에 "그 집 어디예요?"라고 묻던 글들이 "짜
증 폭발! 엄청 불친절하다"라는 악플로 바뀌는 건 시간문제다. 손님들
이 몰리니 대기 시간은 길어지고, 생각지 못하게 일감이 늘어난 직원
들은 불친절해진다. 게다가 한정된 시간에 몇 배의 양을 조리하니 음
식 맛이 달라져도 이상할 게 없다. 그래서 방송하는 사람들은 방송에

소개된 집 잘 안 간다. 유명하다고 다가 아니다. 가이드북에 소개된 맛집도 마찬가지라고 생각하면 쉽지 않을까?

역시 맛집 정보에서 가장 신뢰도가 높은 건 가이드북에서 기계적으로 소개한 특징보다는 이미 다녀간 사람들의 솔직한 리뷰 아니겠는가. 맛집 어플을 이용하면 쉽게 여러 정보를 얻을 수 있다. 섬네일에 랭킹 순으로 인기 식당이 리스트 업 되는데, 리뷰수나 한 줄 리뷰를 실시간으로 확인할 수 있어 선택에 상당히 도움이 된다.

....

★ TIP 정리 ★

맛집 찾을 때 도움되는 어플

- [트립어드바이저 TripAdvisor] www.tripadvisor.co.kr
- [옐프 yelp] www.yelp.com

....

현지인만 아는 맛집을 공략하라 !

우리는 안다. 누구나 아는 유명 식당보다 재야의 고수처럼 그 동네 사람들만 아는 숨은 맛집이 더 맛있다는 사실을.

뉴욕에 갔을 때 카드 한도가 다 돼서 주거래 은행의 맨해튼 지점에 방문한 적이 있다. 우여곡절 끝에 카드문제를 해결해 남은 여행일정을 차질 없이 소화할 수 있었는데, 결과적으로는 더 값진 걸 얻어왔다. 맨해튼 지점 직원의 90퍼센트가 미국인이지만 영어 못하는 나를 응대해준 건 주재원으로 온 한국인이었다. 그 분께서 은행 직원들이 점심 때마다 간다는 근처의 스테이크 맛집을 알려주신 것이다. 심지어 해피아워에는 풀코스가 단돈 27불이라는 고급정보를 덤으로 얹어주셨다.

살 떨리게 물가 비싼 뉴욕땅에서 27불짜리 풀코스라니! 가이드북은 물론 여행 까페에도 소개되지 않은 이 '동네 맛집'은 44번가에 있는 '벤앤잭'으로, 별 다섯 개를 줘도 모자랄 만큼 고급스러운 레스토랑이다. 지금 이 자리를 빌어 00은행 김 과장님께 감사를 드린다.

나는 우연찮게 얻어걸린 거지만, 현지인이 추천하는 동네 맛집을 찾는 방법은 여러 가지다. 호텔 카운터, 인포메이션 안내 데스크는 물론 영어 울렁증이 있다면 게스트하우스 관리인이나 한인슈퍼의 주인장도 좋다. 일단 물어보자. 이런 작은 수고로움의 대가로 맛집을 건진다면 그게 어딘가. 큰 수확이다. 숨은 맛집을 '발굴'하는 쾌감을 누리고 싶다면 한 번쯤 현지인을 공략해보시길 바란다. 이거 꽤 괜찮다.

등잔 밑이 어둡다. 눈에 불을 밝혀라!

여행자들이 쉽게 놓치는 포인트가 있다. 간혹 여행 일정에 요일별 식당 스케줄을 잔뜩 짜 놓고 죽으나 사나 그대로 실천해야 직성이 풀리는 사람들이 있는데, 혹시 그거 아시는가. 등잔 밑이 어둡다는 사실! 꼭 유명한 스팟이 아니더라도 여러분의 숙소 근처, 혹은 우연히 걷다 마주친 골목길에도 맛집이 숨어있을 수 있다. 가이드북에도 맛집 어플에도 등록되지 않은, 즉 정보가 전무한 식당일지라도 긴 줄을 발견했다면 이건 영락없이 동네 맛집일 확률 100퍼센트. 들어가는 게 상책이다. 확실한 정보를 토대로 안전하게 메뉴를 선택하는 것도 좋지만, 한 번쯤은 '복불복'에 의지해 '도전'을 해보는 것도 나쁘지 않다.

런던에 머물 때였다. 출국 이틀을 앞둔 어느 날, 숙소 코앞에 있는 '카멜'이라는 이름의 허름한 간판이 눈에 계속 밟히는 거다. 그날따라 뭐에 홀렸는지 딱 봐도 구멍가게 수준의 펍 같아 거들떠보지도 않던 곳에 한 번 들어가 보고 싶은 충동이 생겼다. 그런데 문을 연 순간, 세상에, 이런 파라다이스가 없다.

알고 보니 이곳은 매일 밤 DJ 파티가 열리는 핫한 펍이었던 거다(도대체 왜 그렇게 레지스탕스같이 은밀하게 운영했는지는 미스터리다). 식스센스급의 반전이다. 턴테이블 앞에 선 DJ는 연신 "푸쳐핸접"을 외치고, 팝핀현준 급의 댄서가 불이 나도록 땅바닥을 비벼대며 관절을 꺾고 있다. 눈이 휘둥그레져서 기네스를 연거푸 몇 잔 들이키니 세상 이렇게 흥분될 수가 없다. 런던에서 방귀 좀 뀐다고 하는 유명 펍과 비교해도 손색없는, 아니 비교할 수 없는 신세계였다. 결국 나는 출국 전날 보려던 〈맘마미아〉도 포기하고 마지막 날까지 '카멜' 펍에서 날밤을 샜다.

여행지에서 남들이 모르는 맛집을 발견하고 싶다면, 레이더를 켜고 주변을 유심히 살필 필요가 있다. 의외의 보석을 발견할 수도 있으니 말이다. 절대 손해나는 장사가 아니다.

Episode 7.
절친한테만 몰래 알려주고 싶은 맛집

1. 런던 제이미 올리버의 '피프틴'

런더너들에게는 미안한 얘기지만, 명성에 비해 정말 먹을 게 없는 도시가 런던이다. 피시앤칩스가 그나마 본토 음식으로 알려져 있긴 하나, 네 맛도 내 맛도 아니라 특별히 어디 내놓고 자랑한 만한 요리가 못 된다. 이토록 먹거리가 척박하기 짝이 없는 런던이지만 10년이 지나도록 혓바닥이 생생하게 기억하는 맛집이 있다. 제이미 올리버의 야심작 '피프틴'이다.

런던을 여행하는 동안 가장 실감나게 체감한 것은 영국이 낳은 슈

퍼스타 제이미 올리버의 명성이다. 인기의 척도인 TV광고 모델로 베컴 부부만큼이나 심심치 않게 등장할 정도로 유명하다. 실제로 그의 재산은 무려 4억 달러로 세계 부자 셰프 랭킹 2위에 빛난다고 한다.

런던까지 와서 제이미 올리버의 요리를 맛보지 않는다는 건 왠지 그에 대한 실례가 될 것만 같았다. 여행 내내 제대로 먹은 것도 없는 마당에 가지 않을 이유가 없었다. '피프틴'은 런던의 문제아들을 요리사로 키우는 리얼리티 프로그램 〈제이미스 키친〉을 통해 오픈한 식당이다. 이 덕에 오픈하면서부터 꽤나 주목받았는데, 과연 제이미 올리버의 음식은 어떤 맛일까 너무도 궁금해졌다(특히 인스턴트를 혐오하고 텃밭에서 키운 유기농 식재료를 선호하는 것으로 정평이 난만큼 더욱 그러했다).

그런데 가는 날이 장날인 걸까. 하필 지도를 잘못 가져간 탓에 언니와 나는 한 시간가량을 길바닥에서 허비하고 말았다. 그 바람에 브레이크 타임에 식당에 도착하는 불상사가 생겼고, 저녁 타임에 다시 오라는 청천벽력 같은 소리를 듣고 말았다. 설상가상으로 식당 위치가 번화가와는 거리가 먼 외진 곳에 있어 어디서 시간을 때울 만한 여건도 안됐다. 내가 너무 난처해하자 잠깐 고민에 들어간 카운터 여직원. 쉐프와 상의하더니 주문을 빨리하면 요리를 만들어주겠다는 거다. 오, 지저스!

길 찾느라 기력을 소진한 우리 자매는 잔뜩 굶주려있던 터라 스테이크와 리조토를 주문했는데, 뚝딱하고 음식이 나왔다. 이렇게 우여곡절 끝에 상봉한 제이미 올리버의 요리는 어땠을까? 결론부터 말하자면, 평생을 두고 기억하고 싶은 훌륭한 맛이었다. 참고로 내 언니의 입맛은 평소 간장 종지에 밥을 퍼먹을 정도로 소식을 즐기며, 맛이 없으면 일절 입에도 대지 않고 그대로 쓰레기통에 버리는 절대미각의 소유자다. 이렇게 까탈스러운 그녀가 개가 와서 핥았나 싶을 정도로 음식을 싹싹 긁어 먹었을 정도니, 더 이상의 맛평가는 하지 않겠다.

그런데 맛도 맛이지만, 지금까지도 피프틴을 그리워하는 건 직원들의 태도 때문도 있다. 주문 받는 사람도 서빙 하는 사람도 그렇게 즐거울 수가 없다. 식당에 흘러나오는 음악에 맞춰 집안에 경사라도 난 사람처럼 그루브를 타며 일한다. 식당 종업원도 꽤나 감정노동이 심한 직업군일 텐데 놀라울 따름이다. 이런 해피 바이러스는 전염성이 강해서, 식사하러 온 사람들도 덩달아 즐거워진다. 흥을 감추지 못하던 그들 덕에 피프틴의 좋은 인상이 지금까지도 이어지고 있다. 그 당시 내가 느낀 행복한 감정을 공유하고 싶다면 주저하지 말고 꼭 한 번 방문해보시라.

<Jamie Oliver's Fifteen>

15 Westland Place, London N1 7LP (+44 20 3375 1515)

LUNCH: Mon to Sun - 12:00 to 15:15

DINNER: Mon to Sat - 18:00 to 22:30, Sun - 18:00 to 21:30

reservations@fifteen.net

2. 홍콩 '페닌슐라 더 로비'의 애프터눈 티

홍콩 여행을 결정하고 가장 기대가 됐던 건 별들이 소근대는 야경도, 초대형 쇼핑센터도 아닌, 페닌슐라 호텔의 명물, 애프터눈 티였다. 런던에 한 달간 머물면서 내가 왜 단 한 번도 애프터눈 티를 먹으러 가지 않았는지 아직도 미스터리로 남아 있다. 그 한을 풀려고 그나마 가까운 홍콩을 고른 거다. 모르는 사람 입장에서는 의아할 수 있겠으나, 빵이라면 사족을 못 쓰는 누군가는 나의 사정을 이해해줄지도 모르겠다.

페닌슐라의 애프터눈 티는 워낙에 인기가 높아 웨이팅만 기본 한 시간을 잡고 가야 한다(투숙을 하면 웨이팅 없이 바로 들어갈 수 있지만, 페닌슐라는 홍콩 호텔 중에서도 숙박료가 가장 비싼 최고급 호텔이다). 이러다 무릎 연골 하나 나갔겠구나 싶을 때쯤 한 자리를 차지할 수 있다. 물론 기다릴 만한 가치가 충분하니 지레 겁먹거나 포기하지는 말자.

귀족들의 티타임에나 나올 법한 고급진 4단 트레이에 각종 조각 케이크며 마카롱, 샌드위치 등이 나오는데, 이 녀석들에겐 미안한 말이지만 솔직히 '곁절이'에 불과하다. 애프터눈 티의 핵심은 달콤한 클로티드 크림을 곁들인 스콘과 홍차다. 페닌슐라 더 로비는 이 세 가지 조

합을 아주 완벽하게 재연해놓았다. 국내에서는 스콘에 딸기쨈이나 크림치즈를 발라 먹는 게 보통이지만, 런던에서 스콘의 단짝은 클로티트 크림이다. 한 번 맛들이면 크림치즈 따위와는 겸상을 거부할 정도로 환상의 조화를 이룬다.

　여성 세네 명이 같이 먹어도 될 만큼 푸짐한 양이지만 나는 혼자서 다 해치워야만 했다. 결코 적은 양은 아니지만, 위장의 하단부터 차곡차곡 쌓아올리는 먹방 신공을 발휘하면 불가능한 일도 아니다. 혼자 가는 여행자들이여, 도전하기를 두려워 말라. 그리고 4만 원을 웃도는 만만치 않은 가격대 때문에 남기려야 남길 수 없다. 영수증과 눈이 마주치는 순간, 신기하게도 꾸역꾸역 뱃속으로 들어가는 신비한 체험을 하게 된다. 애프터눈 티의 무한 매력을 체험하고 싶다면 서둘러 페닌슐라 호텔로 진격하도록 하자.

<The Lobby at The Peninsula>

Salis Rd, Tsim Sha Tsui, Hong Kong (+852 2920 2888)

애프터눈 티 시간

14:00~18:00

3. 하와이 힐튼호텔 'MAC 24/7'의 팬케이크

하와이 음식은 대부분 짜다. 더위 때문에 땀을 많이 흘려서 그런지 몰라도 소금 소태나 다름없다. 심지어 비싸기까지 하다. 하여간 음식이 도시의 명성을 못 따라간다는 게 내 결론이다. 유일하게 지불한 돈이 아깝지 않았던 음식이 있다면 'MAC 24/7'에서 먹은 팬케이크다. 이름 그대로 주 7일, 24시간 연중무휴로 운영하는 곳으로, 이곳을 여행 일정에 포함시킨 건 순전히 〈무한도전〉 때문이었다. 식신 정준하도 백기를 들게 한 방석 팬케이크. 그 자태를 보고 한눈에 반해 버린 거다.

행여 오해할까 미리 밝히자면, 호텔 식당이라고 해서 쫄 것 없다. 주머니 개털인 나도 당당히 간 곳이다. 20불 정도의 비교적 합리적인 가격대에 팬케이크를 판매하고 있으니 과도하게 부담가질 필요는 없다. 호텔 투숙객들은 여기서 조식을 해결하지만 일반 손님들에게도 개방되니 그냥 값을 치르고 먹으면 된다. 언제나처럼 넓은 테이블을 혼자 독차지한 나, 점원에게 물었다.

"이 집에 혀가 녹아 없어질 만큼 달달한 메뉴가 있나요? 이렇게까지 달아도 되나 싶을 만한 걸로 부탁해요."

이런 의미를 담은 몇 개의 영단어를 조합해서 말이다. 그렇게 해서

최종 간택된 메뉴는 '바나나와 초콜릿 팬케이크'. 상상대로 핵폭탄급 칼로리를 자랑하는 조합이다.

급하게 2~3킬로그램쯤 체중을 불려야 하는 피치못할 사정이 있는 분에게 적극 추천하는 바다. 일단 내 돈이 결코 아깝지 않게 푸짐한 양을 제공한다. 또, 잘 숙성된 바나나와 잃었던 미각도 벌떡 일으켜세우는 초콜릿의 조화가 흠잡을 데 없이 만족스럽다.

나는 정준하 못지않은 먹성을 발휘해보리라 작심했지만, 결국 절반의 성공에 머무르고 말았다. 하지만 아까워하거나 아쉬워할 필요는 없다. 남긴 음식은 스티로폼 케이스에 포장해주니 말이다. 분명 우리나라에서도 대박 날 아이템인데 왜 아직까지 소식이 없는지 모르겠다. 부디 한국 시장에도 진출해줬으면 하는 간절한 마음을 이렇게나마 전해본다.

\<MAC 24/7\>

Hilton Waikiki Beach Hotel, 2500 Kuhio Avenue, Honolulu, HI 96815

(+1 808 921 5564)

연중무휴 (24h)

4. 뉴욕 첼시마켓의 '로브스터 플레이스'

물가 살벌하기로 둘째가라면 서러운 뉴욕에서 유일하게 싸게 주고 먹었다고 소문낼 만한 식당이 있다. 첼시 마켓에 있는 '로브스터 플레이스'다. 나에게 본디 로브스터란 성공한 사람들만 먹을 수 있는 고급스러운 음식이었다. 그런데 뉴욕에 갔더니 웬걸, 서민음식이 따로 없다. 1인분에 2만 원이면 떡을 치고도 남는다.

로브스터 플레이스에서는 도떼기시장 같은 어수선한 분위기에서, 심지어 마트에서 떨이 상품 팔듯이 로브스터를 산더미처럼 쌓아놓고 판다. 나중에 알게 된 바로는 캐나다의 북대서양 청정해역과 미국의

메인주에서 공수한 최상등급의 자연산 로브스터만 취급한다고 한다.

이 식당의 장점은 주문부터 시식까지의 전 과정이 초스피드라는 거다. 일단 잡숫고 싶은 녀석을 딱 고르면 바로 찜 쪄주는데, 먹기 딱 좋게 미리 칼집을 내 놓은 터라 속살만 쏙 뽑아 자시면 된다. 영화에서는 조그마한 전용 망치로 껍데기를 부수어 먹곤 하지만 여기서는 번잡스럽게 그럴 필요가 전혀 없다. 터지기 일보 직전으로 속이 꽉 들어찬 집게발에 레몬즙을 살짝 뿌려 먹으면 입 안 가득 담백함이 요동친다. 역시 해산물의 미덕은 신선함에 있다는 걸 통감하게 된다. 한마디로 최고의 가성비다.

이렇게 맛과 가격면에서는 별 다섯 개를 줘도 모자란 이곳의 유일한 단점은 식당을 찾는 손님에 비해 테이블 수가 턱없이 모자라다는 거다. 의자를 차지하려면 007을 능가하는 눈치작전이 필요하다. 곧 접시를 비울 것 같다 싶은 사람 옆에 찰딱 붙어서 암묵적인 압력을 가하는 거다. 새치기를 시도하는 얌체족을 철통방어하면서 말이다. 체면을 구기긴 해도 가장 확실한 방법이다.

이듬해 로브스터 플레이스를 다시 방문했는데, 입구에서부터 분위기가 예전 같지 않음을 감지했다. 역시나였다. 대륙에서 온 단체 관광객들이 식당을 점령하고는 높은 데시벨로 품평회를 하고 있는 게 아닌가. 순간 아찔했다. 당부하건대, 로브스터 플레이스를 찾아갈 계획이 있다면 단체 관광객이 몰리는 점심 시간대는 피해 가시길 바란다. 무시무시한 공습을 당할지 모르니 말이다.

\<Lobster Place\>

chelsea market, 75 9ave, New York NY 10011 (+1 212 255-5672)

월 ~ 토: 09:30 ~ 21:00

일: 10:00 ~20:00

여행시간을 벌어주는
시차적응
노하우?

3:00 PM. 유난히 햇빛이 쏟아지던 어느 날, 맨해튼 6번가를 따라 걷던 중 갑자기 머리가 핑 돈다.

'혹시 빈혈인가?'

난데없는 현기증에 당황스럽다. 피로가 쓰나미처럼 밀려든다. 기면증 환자처럼 예고 없이 쓰러질 것 같은 이 불길한 기분, 뭐지?!

4:00 AM. 쥐죽은 듯 조용한 꼭두새벽, 알람 소리도 없이 눈이 떠졌다. 충분히 숙면을 취하고 그 어느 때보다 개운한 상태로 기상했는데, 아…… 새벽이라니. 믿을 수가 없다. 그런데 아무리 안대를 하고 커튼

을 쳐도 결코 잠들지 못할 것 같은 이 강한 확신, 이건 뭐지!

여행자가 절대 만나고 싶지 않은 복병, 시차적응이 안 된 탓이다. 돌아다녀야 할 낮에는 졸리고 남들 다 자는 밤에는 정신이 또롱또롱하다. 내 몸이 내 의지대로 되지 않으니 난감하다. 아무리 용을 써 봐도 답이 안 나온다.

아쉬운 사람이 우물 파는 법이라 했다. 여행자들은 시차적응의 불편함을 해소하고자 각자의 방법으로 임상실험을 하기에 이르렀고, 아래와 같은 몇 가지 민간요법을 도출해냈다.

❶ 비행기에서 주는 공짜 술을 잔뜩 마시고 일찌감치 뻗어버린다(하지만 만취해서 난동을 부릴 가능성이 있다).

❷ 밤에 잠이 안 오면 수면제의 도움을 빌려서라도 잔다(하지만 낮에도 계속 취침 상태를 유지할 가능성이 있다).

❸ 낮에 활동량을 최대치로 늘려 몸을 최대한 피곤하게 만든다(하지만 싸돌아다닐 의지는 있으나 체력적 한계로 몸이 따라주지 않을 가능성이 있다).

❹ 여행지에 가기 전부터 현지 시간에 맞게 몸을 적응시킨다(하지만 어지간히 부지런하지 않은 이상 실천하기 쉽지 않다).

❺ 커피 다량 섭취로 체내 카페인 수치를 올려 각성시킨다(하지만 잠은 잠대로 오고 속만 쓰릴 가능성이 있다).

나 역시 지푸라기라도 잡는 심정으로 위의 다섯 가지 지침을 모두 시도해보았으나, 이렇다 할 효과를 보지는 못했다. 아마도 대다수의 여행자가 나와 같지 않을까 싶다(특히 1번은 과음 때문에 응급실 신세를 질 정도로 말술인 후배 작가 D의 주장이라 신뢰성이 다소 떨어진다).

지피지기면 백전백승이라 했으니, 그럼 시차적응의 본질을 살짝 탐구해보는 시간을 갖도록 해보자. 도대체 우리의 몸은 왜 이다지도 시차에 민감하게 구는 것일까? 잠깐 유식한 소리 좀 해보겠다. 우리 뇌의 시상하부에는 시교차상핵이라는 게 있는데, 이것이 시신경에서 받은 신호를 통해 24시간 주기의 생체리듬을 만들어 낸다. 다시 말해, 아침에 햇빛을 받으면 망막으로 빛이 들어가 체내시계라 불리는 시교차상핵을 작동시키고, 약 14시간 경과 후 어두운 곳에 있으면 수면 호르몬인 멜라토닌이 분비돼 잠을 잘 수 있게 되는 것이다. 유명한 뇌과학자 박문호 박사님과 강의 프로그램을 할 때 직접 들은 것이니 믿을 만한 얘기다.

그런데 말씀을 듣다보니 평범한 우리와 달리 뇌과학자만의 특별한 시차적응법이 있을 거라는 확신이 들었다. 그래서 여쭤봤다.

"박사님은 해외 출장도 많이 다니시는데, 시차적응을 해소하는 특별한 방법이 있으신가요?"

돌아온 대답은 간단했다.

"그런 거 없는데요."

특별히 신체를 통제할 수 있는 방법이란 건 없다는 결론이다. 대답을 듣고 힘이 빠지긴 했지만, 박 박사님이 안 된다면 안 되는 거다. 아마 시차적응을 해결하는 획기적인 묘수가 있다면 이미 전 세계에 다 공개됐으리라.

그래도 뭔가 아쉬워할 여행자들을 위해, 도움이 되는 몇 가지 팁을 제공하고자 한다. 시차적응이란 게 결국 빛에 의해 생체리듬이 깨지는 것인 만큼 비행기에서라도 현지 시간에 맞춰 생체리듬을 조절해보는 방법이 있다. 이때 안대는 필수다. 여행지의 시간이 낮일 때는 조명 빛에 눈을 노출시키고, 밤일 때는 안대를 껴보도록 하자.

또 하나는 식사조절이다. 억지로 잠을 청하려고 술을 마시다보면 화장실만 자주 가게 되고, 건조한 기내 환경 때문에 최악의 경우 탈수가 올지도 모른다. 비타민 B가 풍부한 채소나 과일을 충분히 먹는 게 오히려 시차극복에 도움이 될 수 있다고 하니, 기내식 먹을 때 승무원에게 당당히 요구해보시라. 남는 기내식에서 과일 하나 더 얻어줄지 누가 아는가.

여행 초반의 컨디션은 시차적응을 어떻게 하느냐에 따라 좌우되기 마련이다. 시차적응만 제대로 해도 여행시간을 벌 수 있다. 속는 셈치고 위의 방법들을 한 번 시도해보시길 바란다.

뮤지컬
100배 즐기기

부산에서 근 20년을 살아온 내가 혈연, 학연은 고사하고 습자지같이 얇은 인맥조차 하나 없는 낯선 서울에 혈혈단신으로 상경한 건 순전히 방송을 하고 싶다는 의지 하나 때문이었다. 오매불망 꿈에 그리던 방송사에 입성했을 때, 여의도로 출퇴근한다는 사실 자체로 행복했다. 그런 서울살이 초창기 시절, 여의도만큼이나 뻔질나게 드나든 곳이 있는데, 바로 대학로다.

대학 때 극단 활동을 한 언니 덕에 연극이며 뮤지컬을 많이 접했던 터라 나의 취미란은 언제나 '공연관람'이 차지했다. 그런 나에게 대학로는 파라다이스나 마찬가지다. 부산 촌년이 완전 흥분한 거다. 퇴근만 하면 지하철을 타고 혜화역까지 달려가길 밥 먹듯 하다 보니 한 달에 15편 관람 기록을 달성하기도 했다. 지금 생각하면 무슨 체력이 남아돌아서 그렇게까지 무리했나 싶다.

서당개 삼년이면 풍월을 읊는다고, 뻔질나게 공연장을 쫓아다닌 덕에 공연 초보자들에게 조언해줄 정도의 '보는 눈'은 생긴 듯하다. 지금부터 런던의 웨스트엔드와 뉴욕의 브로드웨이에서 무식하게 닥치는 대로 공연을 본 경험을 토대로 몇 가지 팁을 공유하고자 한다.

뭘 볼지 모르겠다면, 박스오피스 3위를 공략하라!

가장 먼저 고민되는 건 '수많은 작품 가운데 어떤 걸 봐야 할까'라는 선택의 문제다. 공연 티켓값이라는 게 여행자 입장에서 비용 부담이 적지 않으니, 뮤지컬 관람 자체가 여행의 목적이 아닌 담에야 공연 선별에 신중할 필요가 있다. 비싼 값 치르고 제대로 즐기지 못한다면 낭패 아닌가.

뭘 봐야 잘 봤다고 소문날까 고민된다면, 박스오피스 상위권에 랭크된 작품을 공략해보자. 특히 흥행순위 3위는 실패할 확률이 가장 낮다. 이유인즉, 보통 흥행 1, 2위는 정통성 있는 스테디셀러인 경우가 많은데, 3위에 올랐다는 건 극장에 올려진지 얼마 되지 않은 핫한 신작이면서 그만큼 작품성도 받쳐준다는 증거다. 오래 흥행한 스테디셀러 작품은 우리나라에서도 쉽게 오리지널 캐스트로 볼 수 있으니 굳이 욕심 부릴 필요가 없다. 그러니 뮤지컬의 본고장에 가면 기왕지사 최신작을 보는 게 남는 장사란 얘기다. 특히 뮤지컬계의 오스카상이라 할 수 있는 토니상 수상 경력까지 갖춘 작품이라면 이건 100퍼센트다. 작품성, 흥행성 두 가지를 고루 겸비한 공연은 관람 필수라 하겠다.

런던 & 뉴욕 박스오피스 순위

▶런던

1위 위키드, 2위 오페라의 유령, 3위 북 오브 몰몬, 4위 모타운 더 뮤지컬,

5위 져지 보이스 (16년 6월 기준)

▶뉴욕

1. 라이온킹, 2. 오페라의 유령, 3. 알라딘, 4. 위키드, 5. 레미제라블

(16년 7월 기준)

영어 울렁증이 있다? 방법은 있다!

그런데 여행자가 공연을 볼까 말까의 선택의 기로에서 가장 고민하는
것 중 하나는 '과연 이 뮤지컬을 보면서 남들 웃을 때 같이 웃을 수 있
을까' 하는 원초적인 문제다. 내 영어 실력 역시 어디 내놓을 만한 수
준이 아님을 밝힌다. 영어 울렁증이 있어도 솟아날 구멍은 있으니, 섣
불리 실망하지 말자.

서사 중심, 즉 플롯이 복잡하고 대사가 많은 공연보다 퍼포먼스 등
볼거리가 풍성하거나 대사 자체가 없는 넌버벌 공연을 선택하면 되기

때문이다. 일테면 브로드웨이에서 절찬 공연중인 뮤지컬 〈스파이더 맨〉은 줄거리도 익숙하고, 스파이더맨이 무대를 휘젓고 날아다니는 장면이 관전 포인트인 만큼 영어를 전혀 몰라도 충분히 즐길 수 있다. 쥬크박스 뮤지컬도 추천할 만하다. 퀸의 노래로 엮은 〈위월락유〉나 아바의 〈맘마미아〉처럼 유명한 곡을 베이스로 한 뮤지컬 역시 비교적 쉽게 접근할 수 있으니, 영어실력이 부족해 뮤지컬 못 보겠다는 핑계 는 대지 말자.

곧 죽어도 서사 중심의 대작을 보고 싶다면, 인터넷에서 번역 대본 을 쉽게 구할 수 있으니 숙지하고 가보자. 연극과 달리 스토리 라인만 알면 무리 없이 즐길 수 있는 게 바로 뮤지컬이다.

좋은 좌석, BUT 싼 티켓!

그런데 뮤지컬을 관람할 때, 솔직히 어떤 걸 봐야 할지의 문제보다 앞 선 게 '어떻게 하면 한 푼이라도 더 싸게 볼까' 아닐까. 가장 대중적인 티켓 판매처인 'TKTS'는 공연장에서 직접 예매하는 것보다 저렴하긴 하지만 좌석 선택권한이 없다는 게 함정. 또 생각만큼 파격적으로 싼 가격도 아니다. 로터리 티켓처럼 공연 몇 시간 전에 추첨으로 저렴한 티켓을 얻는 방법도 있지만, 이름 그대로 추첨방식이라 떨어지면 말 짱 꽝! 모 아니면 도라 괜한 시간낭비가 될 수도 있다.

내가 선호하는 방식을 소개하겠다. 하나는 러시티켓, 일명 얼리버드^{early-bird}고, 다른 또 하나는 레이트버드^{late-bird}다. 이른 아침, 티켓박스 오픈과 동시에 한정 인원에게만 OP(오케스트라 피트)석을 초특가로 파는 시스템이 얼리버드다. 선착순으로 진행되는 만큼 오픈 한두 시간 전에는 줄을 서야 하지만, 노력한 만큼 좋은 좌석을 확보할 수 있어 성취감이 높다. 이때 여권 지참은 필수. 신용카드만 받는 경우도 있으니 기억하자.

레이트버드는 정 반대다. 공연 시작 한두 시간 전에 미처 팔리지 않은 좌석을 초특가로 팔아버리는 것이다. 공연이 매진이 되지 않아 공석이 생기면 해당 티켓을 헐값에 넘기는 거라고 보면 된다. 잘만 하면 말도 안 되는 가격에 R좌석을 차지할 수 있다. 단, 얼리버드와 달리 티켓 판매 시작 시간이 정해진 게 아니라 다소 눈치작전이 요구된다. 나는 런던에서 이 전술을 구사해 〈시카고〉〈헤어스프레이〉의 R석을 단돈 20파운드에 확보한 바 있으니, 여러분도 얼굴에 철판 한 장 깔고 요령껏 도전해 보시길 바란다.

또 하나, 스탠딩 티켓이라는 게 있다. 입석이다. 공연 내내 서서 봐야 한다는 게 유일한 단점이긴 하지만 무쇠다리와 강철 체력을 겸비했다면 상관없다. 안락하고 고상한 관람보다 그저 '공연을 봤다'에 의의를 두는 분이라면 그리 나쁘지 않은 선택이다.

★ TIP 정리 ★
티켓 싸게 건지는 세 가지 방법

▶TKTS: 당일 공연을 30~50퍼센트 할인! 단, 좌석 선택이 불가하고 현금만 가능. 모든 공연 티켓이 있는 건 아니니 확인 필수

▶러시티켓: 공연 당일 아침 매표소에서 선착순으로 판매! 25~50달러의 저렴한 가격. 대게 OP석으로 TKTS보다 좋은 좌석

▶로터리 티켓: 공연 두 시간 전 이름과 표매수를 적어 넣은 후 추첨하는 방식.
가격도 저렴하고 좌석도 괜찮은 편. 시간적으로 여유롭다면 도전해볼 만함.
▶뉴욕 러시 & 로터리 스케줄 확인은 아래의 주소로!
http://www.nytix.com/Links/Broadway/lotteryschedule.html

배우들과 인증샷 찍을 절호의 찬스!

이게 끝이 아니다. 뮤지컬 관람만으로 성에 안차는 분들을 위한 보너스 정보 나간다. 배우들과 인증샷을 찍을 수 있는 기회다. 실제 경험을 바탕으로 밝히는 것이니 의심하지 말고 들어주시길 바란다.

일단 배우들은 관람객처럼 극장 정문으로 드나들지 않는다. 그러니 앞에서 백날 기다려봤자 코빼기도 볼 수 없다. 공연장 뒷편에 보면 'STAFF ONLY'라고 쓰여 있는 쪽문이 있는데, 무대 뒤로 연결되는 이 문으로 배우들이 왕래하니 공연 전후로 이곳을 공략하면 된다. 공연 리허설 시작 전이나 공연이 끝난 난 후, 타이밍만 잘 맞추면 배우들과의 즉석 팬미팅도 가능하다. 하늘은 스스로 돕는 자를 돕는다고, 은근과 끈기로 버텨보자.

언니와의 런던 여행에서 위시리스트 1순위는 단연 뮤지컬 〈빌리 엘리어트〉를 보는 거였다. 〈빌리 엘리어트〉는 내가 비디오 테이프가 늘어져라 수십 차례 돌려볼 정도로 애정하는 영화로, 2차원이 아닌 3D로 살아 움직이는 꼬마 빌리를 볼 수 있다는 마음에 밤잠을 설칠 지경이었다. 그런데 지성이면 감천이랬던가. 대망의 공연 당일, 전 출연진과 맞닥뜨리게 된 거다. 앞서 말한 것처럼 정확히 '빅토리아 팰리스' 공연장의 뒷문에서 말이다.

공연 리허설에 맞춰 배우들이 속속 도착했는데, 주인공을 맡은 세 명의 빌리들은 물론 발레리나 꼬마들, 빌리의 형을 맡은 훈남 토니와 윌킨슨 부인까지 친절하게도 함께 사진 찍는 것을 허락해줬다(솔직히 은근 즐기는 눈치였다). 한층 흥분된 목소리로 "너희 공연을 보러 멀리 한국에서 왔노라"고 하자, 그들 역시 "공연 와줘서 고맙고 오늘 재밌게 관람하시라"며 기분 좋게 받아줬다. 지금 생각해도 참 훈훈한 광경이다.

이 타이밍에 귀하게 찍은 인증샷을 공개하는 게 옳지만, 그날따라 유독 심난한 차림새였던지라 공개하지 못하는 점 양해 바란다. 나처럼 후회하지 않으려면 공연 날은 외모 단장에 각별히 신경 쓰시라. 실패한 경험자의 마지막 당부다.

Episode 8.
브래드 피트와의 재회

사심 섭외라는 게 있다. 말 그대로 개인의 사심을 담아 출연자를 섭외하는 거다. 방송 권력구조의 최하위층인 (인도의 계급제도로 따지면 바이샤와 수드라의 경계를 왔다 갔다 하는) 방송작가가 유일하게 가진 나름의 특권이랄까. 나 역시 속세에 욕심 많은 한낱 중생인지라, 기획의도를 벗어나지 않는 선에서 사심 섭외를 일삼은 바 있음을 고백한다.

한창 Jay. Park 빠순이로 활동하던 시절, 박재범이 출연한 영화 〈MR.아이돌〉 언론시사회가 열린 때였다. 무릇 언론시사회라 함은 개봉 전 영화를 미리 감상할 수 있을뿐더러 출연진을 코앞에서 인터뷰할 수도 있는 절호의 찬스 아니겠는가. 다행이도 MBC 에브리원에서 아이돌 매거진 프로그램을 맡은 터라, 득달같이 라운딩 인터뷰(세네 개의 언론사가 한 팀을 이루어 출연자들을 집중 인터뷰하는 것)를 요청했다. 보통 PD들만 가서 인터뷰 몇 개 따오면 되는 간단한 촬영이지만, 나는 박재범을 근거리에서 보겠다는 의지 하나로 현장에 달려갔더랬다.

이 작은 일화로 느끼셨겠지만, 난 연예인을 참 좋아한다. 간혹 "테레비 귀신이냐"라는 핀잔을 듣곤 하지만, 결코 부끄럽지 않다. 그럴 때면 나는 쉬지 않고 방송을 모니터하는 투철한 직업정신의 소유자라고 당당히 말하곤 한다.

그런데 굳이 힘들게 섭외하지 않고도 내가 열망하던 스타와 마주치게 된다면, 그것도 여행 중인 낯선 도시에서라면, 얼마나 흥분될지 상상이 가시는가!

희한하게 운발이 따를 때가 있다. 아마 그날 나의 별자리 운세에는 '서쪽에서 귀인을 만나게 된다'라고 쓰여 있었지 싶다. 늦은 저녁, 런던 거리를 헤매며 배고픈 하이에나처럼 밥 먹을 곳을 물색하다 거리에 운집한 군중을 발견했다. 저 멀리 간이 무대도 보이고 음향도 우렁찬 게 분명 무슨 축제가 열리는 듯 했다. 본능적으로 군중 속에 합류하자 그들이 일제히 외치는 소리는 바로 "안젤리나~"였다. '내가 아는 바로 그 안젤리나?'

영화 〈베오울프〉 개봉을 앞둔 때라 안젤리나 졸리가 홍보차 안소니 홉킨스와 함께 런던에 온 거다. 그런데 여기서 중요한 포인트는 따로 있다. 아내를 에스코트하려고 브래드 피트가 함께 레드카펫 행사에 참여했다는 사실이다. 세상에, 이런 매너남을 봤나. CGV에서나 볼 수 있는 그가 내 눈 앞에 있다는 사실 자체가 너무나 신기했다(브래드 피트가 한국에 처음 방문한 건 이로부터 3년 후인 2011년 가을, 영화 〈머니볼〉 때다).

극장 안으로 들어서는 순간까지 아내의 손을 단 한 번도 놓지 않던 브래드 피트는 남은 한 손을 군중에게 흔들어주는 여유도 잊지 않았다. 온화한 눈빛으로 팬들에게 연신 살인 미소를 날리던 그때 분명 나

와 눈이 마주친 듯 했지만, 확인 할 길이 없다.

런던 길거리 한복판에서 무려 할리우드 스타를 보게 되다니. 브래드 피트를 본 것만으로도 배가 불렀는지 결국 끼니를 건너뛴 나는 기진맥진해진 몸으로 숙소로 돌아와서 이런 게 해외여행의 묘미구나 하며 한참 동안 흥분을 가라앉히지 못했다.

그렇게 처음이자 마지막이라고 믿었던 브래드 피트와의 만남. 그런데 정확히 8년 뒤, 또 한 번 그와 대면할 기회가 찾아왔다. KBS에서 아침 매거진을 할 때였는데, 전쟁 영화 〈퓨리〉 개봉을 앞두고 브래드 피트가 세 번째 내한을 한다는 거다. 딱 다섯 팀과만 인터뷰를 진행하겠다는 정보를 입수한 나는 신속하게 프레스 신청을 했다. 그를 다시 볼 수 있겠구나 생각하니 8년 전 여행에서 느낀 흥분이 스멀스멀 기어올라왔다.

늦은 저녁, 영등포 타임스퀘어에서 레드카펫 행사가 진행됐다. 팬들의 셀카 요청을 일일이 들어주느라 100미터도 채 되지 않는 거리를 한 시간 넘게 걸은 브래드 피트는 '친절한 빵 아저씨'라는 닉네임을 다시 한 번 실감케 했다. 끝이 보이지 않던 레드카펫 세리머니가 마무리되어갈 때쯤, 나를 포함한 리포터와 제작진들은 바짝 긴장한 얼굴을 했다.

저 멀리 손톱만 하게 보이던 그의 얼굴이 서서히 빅 클로즈업으로 다가온다. 심장이 요동친다. 드디어 우리 차례가 왔다.

'세상에, 이렇게 코앞에서 그를 마주하게 되다니.'

그 뒤로는 무슨 질문이 오갔는지 기억이 잘 나지 않는다. 하나님이 특별히 정성을 쏟아 빚어놓은 것 같은 성스러운 이목구비 외에는 말이다(나는 결국 편집된 화면을 보고서야 인터뷰 내용을 확인할 수 있었다. 할리우드 스타를 난생 처음 알현한 리포터의 새된 목소리에서 당시의 흥분상태를 짐작할 수 있었다).

여행을 하다 보면 예기치 않은 시련과 맞닥뜨릴 때도 있지만 간혹 이런 생각지도 않은 서프라이즈 선물과 대면하게 될 때도 있다. 여행 인생 복불복이란 소리다. 누가 또 아는가. 맨해튼 길바닥에서 디카프리오라도 만나게 될지. 고로, 다음 여행이 자못 기대되는 바다.

야경을 감상하는
세 가지 방법

여자들은 잘 안다. 소개팅 나갈 때 내 미모를 극대화하는 전술 말이다. 착시를 유발하는 일종의 꼼수로, 대표적인 게 '조명발'을 세우는 거다. 구태여 밝은 자연채광 아래서 늘어진 모공을 공개할 필요는 없으니 대낮보다는 어두운 저녁, 그리고 이왕이면 조명이 은은한 곳을 약속 장소로 잡을 것. 다 별거 아닌 것 같아도, 조명발, 이거 절대 무시 못한 다.

도시도 마찬가지다. 벌건 대낮에는 평범한 듯 보이던 도시도 밤에 조명발 제대로 받으면, 그 순간 '별거'가 된다. 그래서 우리가 굳이 시간을 내서 야경을 보러 가는 거다. 꽁꽁 숨겨왔던 본연의 매력을 여과

없이 발산하는 시간. 야경을 놓친다면, 그건 그 도시에 대한 예의가 아니다.

유료 전망대, 과연 답일까?

가장 흔하게 야경을 감상할 수 있는 방법은 유로 전망대를 이용하는 거다. 최고층 빌딩 옥상에서 바라보는 가장 확실한 방법으로, 야경 품질(?)만큼은 확실히 보장해준다. 하지만 입장료가 평균 2~3만 원대로 고가라는 점, 수요가 많아 장시간 대기해야 하다는 게 단점이다.

야경의 피크는 일몰 후가 아닌 노을이 질 무렵. 일명 '매직아워'라 불리는 때다. 때문에 명장면을 포착하려면 오후부터 부지런히 서둘러야 한다. 특히 사진 찍기 좋은 명당은 경쟁이 치열해 화장실 문제부터 일찌감치 해결해야 할 필요가 있다. 잠깐이라도 자리를 비웠다간 빼앗기기 십상이다. 다시 말해, 유료전망대는 입장 순간부터 지루한 기다림의 연속이다. 비싸게 지불한 만큼 본전 제대로 뽑으려면 지구력을 기르는 게 상책이다.

나는 뉴욕에서는 록펠러센터, 파리에서는 개선문, 홍콩에서는 빅토리아피크, 삿포로에서는 JR역에 있는 T38, 또 세계 3대 야경에 꼽히는 하코다테에서도 전망대를 이용한 바 있다. 그런데 야경을 감상한 기억은 온데 간데 없고, 인파에 치여 정신 못 차리던 기억이 더 크

다. 또, 기를 쓰고 찍은 사진들을 보면 무의식적으로 엽서를 흉내 내서 그런지 왠지 내 것이 아닌 것 같다(전망대에는 포토존이 있기 때문에 그곳에서는 누가 찍어도 다 풍경이 엇비슷해 보인다). 개성이라곤 눈 씻고 찾아봐도 없는 3류 짝퉁뿐이다. 이처럼 유료 전망대는 장점만큼 단점도 크게 다가온다.

비용 0 원! 무료 야경 투어

그런데 돈 한 푼 안주고도 야경을 감상할 수 있는 방법이 있다. 바로 현지 여행사에서 진행하는 무료 야경 투어를 신청하는 거다. 유럽에서 미술관이나 박물관, 시티 투어 프로그램을 운영하는 한국 여행사가 많은데, 보통 데이 투어를 신청하면 야경투어가 공짜 옵션으로 이뤄지기도 한다. 1+1 투어인 셈이다. 때론 낮 투어와 상관없이 무료로 신청을 받기도 하니 눈에 불을 켜고 알아보시라. 역시 여행 준비의 8할은 발품이다.

나도 로마에서 무료 야경 투어를 경험한 바 있다. 개인 교통비를 제외하고 별도로 지불해야하는 비용은 정확히 0원! 해가 완전히 떨어진 저녁, 공짜라 그런지 족히 20명은 넘어 보이는 인원이 테르미니 역앞에 집합했다. 딱 봐도 쉰 살은 넘어 보이는 베테랑 가이드님의 인솔 하에 트레비 분수 등 핫스팟의 밤풍경을 감상하는 야경 투어가 시작됐다. 가이드북에도 없는, 현지인만이 아는 뒷이야기를 듣다 보니 보통 흥미로운 게 아니다. 혹 여행사 무료 투어의 기회를 놓쳤다면 게스트하우스를 공략하는 것도 한 방법이다. 숙박객을 상대로 무료 야경 투어를 서비스하는 경우가 종종 있으니 놓치지 말자.

당신이 몰랐던 의외의 명소

궁금하신가? 일단 야경에 대한 고정관념부터 버리도록 하자. 당신이
생각지도 못한 의외의 장소에서 멋진 야경을 마주할 수도 있기 때문

이다. 자, 그럼 지금부터 내 경험을 토대로 몇 가지 추천 장소를 공개하도록 하겠다.

첫 번째는 커다란 창이 있는 숙소다. 개선문 꼭대기에서 내려다보이는 에펠탑보다 조금 희미하게 보여도 내 방에서 보이는 에펠탑이 더 운치 있는 법이다. 왜냐, 남들은 절대 보지 못하는 그림이므로. 야경 보러 굳이 전망대 갈 생각 하지 말고 침실에서 볼 생각을 해보자. 매일 저녁이 즐거워진다.

루프탑 바rooftop bar를 선택하는 것도 좋은 방법이다. 요즘은 뉴욕이 아니더라도 유럽이나 싱가포르 등 아시아에도 루프탑이 대세라 어렵지 않게 찾을 수 있다. 전망대 갈 돈으로 칵테일이나 맥주 한 잔 시켜놓고 압도적인 스케일의 야경을 무제한으로 감상하는 거다. 취기가 살짝 오르면 야경이 두 배쯤 멋져 보이는 효과도 얻을 수 있으니, 일석이조의 감상법이라 하겠다.

세 번째는 가슴에 손을 얹고 내 인생 최고의 야경으로 꼽는 곳이다. 혹시 지상 8000미터 상공에서 야경을 감상한 적 있는가? 나는 있다. 장소는 다름 아닌 파리로 향하는 비행기 안. 새벽 여섯 시경 착륙 시간이 다가와 창문을 열었다가 예상치 못한 광경을 마주했다. 도시의 가로등이 빚어낸 황금빛 야경에 순간 탄성이 터져 나왔다. 일출 전이라 세상이 온통 칠흑같이 어두운 가운데 개선문을 필두로 방사형으로 뻗어나간 불빛이 압도적인 야경을 만들어낸 거다. 말로는 묘사가 안 된

다. 단언컨대 이건 셰익스피어 할애비가 와도 역부족이다. 찰나의 순
간이었지만 뇌리에 깊숙이 새겨질 만큼 강렬했던 한 컷. 제아무리 값
비싼 전망대라도 밤비행기가 선사한 야경에는 비할 바가 못 된다.

　자, 당신의 여행 인생 최고의 야경은 언제였는지 떠올려보라. 아직
오지 않았다면 두 눈 크게 뜨고 바짝 긴장해야 할 거다. 생각지도 못한
순간에 문득 찾아올 수도 있으니 말이다.

미술관,
꼭 가야할까

솔직히 터놓고 말해보자. 미술 작품을 보며 진심으로 감동의 도가니에 빠지는 사람이 우리 가운데 몇이나 될까. 통탄할 노릇이다. 도대체 우리는 왜! 세계적으로 명성 높은 유수의 작품을 봐도 감흥이 없는 것인가. 단정지을 수는 없지만, 이게 다 주입식 교육 탓이라는 게 내 생각이다.

런던이나 파리의 미술관에 가면 현장학습 나온 초등학생들을 쉽게 목격할 수 있다. 우리가 교과서에서나 보던 고흐의 작품을 코흘리개 시절부터 온몸으로 체감한 그 아이들의 감수성은 남다를 수밖에 없다. 반면 무슨 수학 공식마냥 예술을 시험으로 학습한 우리의 감성이 말랑말랑할 리 만무하다. 작품을 보고 머리보다 마음이 먼저 움직이면 그 사람이 이상한 거다. 결단코.

이쯤 되니 내적갈등이 시작된다. '그럼 미술관을 가야 하나 말아야 하나?'

자, 이렇게 생각해보자. 우리가 꿈꾸는 여행의 대전제가 바로 하루를 있어도 현지인처럼 살아보는 거 아닌가. 그 기준으로만 생각하면 미술관은 충분히 가볼 만한 가치가 있다. 세계 미술 트렌드를 쥐고 흔드는 유럽이나 뉴욕 시민들에게 미술관 관람은 특별한 날에만 가는 연례행사가 아닌, 지극히 평범한 일상이다. 밑져야 본전이라는 생각으로 미술관 문을 두드려보자.

그럼 이왕 가는 거, 괜히 허세 부렸다는 자괴감이 들지 않도록 세련된 애티튜드로 감상해보도록 하자. 방법은 아주 간단하다. '아는 만큼보인다'는 만고불변의 진리를 실천하는 거다. 그림을 즐기는 가장 현명한 방법은 단연 '해설이 있는 관람'이다.

전문 가이드의 미술관 투어를 활용하라

눈뜬 장님처럼 하얀 건 캔버스요 컬러풀한 건 물감이로구나 하다간 한 시간 버티기도 고역일 거다. 이해하는 척하며 작품을 계속 바라보고 있는 것, 그 자체로 노동이다. 나중에 떠올려봐도 뭘 봤는지 당최 기억에 없다. 머릿속에 인코딩되지 않은 채 스쳐 지나갔으니 당연한 결과다. 그렇다고 실망하지 마시라. 미술 까막눈을 위한 솔루션, 전문 가이드 투어가 있으니.

이 전문 가이드 투어는 평균 6만 원의 비용으로 3~4시간가량 진행된다. 시간대비 가성비가 나쁘지 않을까 고민될 수 있지만 경험상 절대 그렇지 않다. 대개 현지에서 미술을 전공하고 있는 사람이나 관련업계 종사자들이 프리랜서 가이드로 활동하고 있는데, 이런 전공자의 스토리텔링을 곁들인 해석을 듣다 보면 그 작품은 평생 '내 거'가 된다. 평생 미술의 '미'자도 모르는 맹인 신세였다면 그만한 수확에 투자하는 돈쯤 결코 아깝지 않으리라.

루브르를 제대로 보려면 일주일도 모자란다는 소문을 들은 나는 단기속성으로 핵심 포인트만 경험하고 싶어 단체 가이드 투어를 신청했다. 무려 만 8천 평에 육박하는 루브르를 단 세 시간 만에 마스터해야 하는 만큼 신속 정확하게 투어가 진행됐는데, 가이드님의 수려한 말솜씨 덕에 전원 시간 가는 줄 모르고 빨려들어간 기억이 난다. 무려 8년 전의 일이지만 지금까지도 루브르의 3대 작품이 다빈치의 '모나리자', 밀로의 '비너스', 사모트라케의 '니케'라는 것은 물론 이 작품들이 어디에 있는지 그 위치까지도 생생하다. 이 얼마나 효과적인 미술관 사용법인가. 전문 가이드이기에 가능한 '해설의 힘'은 이렇게나 강렬하다.

★ TIP 정리 ★

미술관 가이드 투어

▶마이리얼트립: 뉴욕, 파리 미술관 투어 - 세 시간 6만 원대(입장료 포함)
▶유로자전거나라: 파리 미술관이 포함된 시티투어 - all day 6만 원대(입장료

미포함)

▶어바웃유럽: 파리 미술관 투어 - 세 시간 5만 원대(입장료 미포함)

. . . .

공짜 가이드 투어 '도슨트'를 공략하라

혹자는 비싼 돈을 지불하면서까지 미술관 투어에 욕심내고 싶지 않다 하실 거다. 솔직히 여행지에서 5~6만 원이 결코 가벼운 액수는 아니다. 미술관 가이드 투어는 받고 싶지만 돈이 아깝다 하시는 분들, 염려 마시라. 또 방법이 있다.

공짜 가이드인 도슨트를 활용하는 거다. 단, 대부분 자원봉사로 활동하는 거라 스케줄을 잘 파악해뒀다 반드시 사전 예약을 해야 한다. 나도 뉴욕의 메트로폴리탄 미술관에 한국인 도슨트가 있다는 소식을 듣고 신청하려 했으나 일정과 맞지 않아 눈물을 머금고 포기한 바 있다.

만약 값비싼 가이드 투어도 싫은데 도슨트 일정까지 맞지 않는다면? 그럼 오디오 가이드라도 반드시 받길 바란다. 보통 여권을 맡기면 대여할 수 있고, 가격도 부담 없고 어지간하면 한국어 서비스가 다 제공되니 활용해보자.

무료입장 DAY를 노려라!

혹시 〈섹스앤더시티〉의 '그 장면' 기억하시는가. 비바람이 세차게 몰아치는 어느 오후, 언제나처럼 스타일리시하게 단장한 캐리는 혼자 미술관에 방문한다. 그런데 가는 날이 장날인지 하필 휴관일! 게다가 갑자기 쏟아진 폭우에 옷까지 몽땅 젖은 그녀, 건물 아래서 잠시 비를 피하던 중 옆에 서 있던 훈남 신사에게 눈길이 멈춘다. 뭔가 멜랑꼴리한 기분이 들었는지 그에게 끈적한 멘트를 날린 캐리 브래드쇼. 하지만 신사는 그녀를 미친년 보듯 하며 냉큼 자리를 피하고, 제대로 망신 당한 그녀는 이날을 최악의 하루로 기록한다.

캐리에게 재수 옴 붙은 날로 기억된 그날, 그 배경이 된 미술관이 바로 달팽이 형상을 한 '구겐하임' 미술관이다(그녀는 하필 휴관인 목요일에 간 모양이다). 캐리가 간절히 들어가고 싶어 한 바로 그 미술관, 여러분은 공짜로 들어갈 수 있다. 일주일에 한 번 있는 '도네이션 데이'를 노리면 된다. 줄만 잘 서면 돈 한 푼 내지 않고 무료입장이 가능하다. 구겐하임뿐 아니라 MOMA, 휘트니 미술관, 루브르 박물관 등 대부분의 대형 미술관에서 이 도네이션 데이를 시행하고 있어 스케줄 정리만 잘하면 모든 미술관을 공짜로 해결할 수 있다.

〈섹스앤더시티〉의 마니아를 자처하는 나, 성지순례 코스의 하나인 구겐하임을 놓칠 리 없다. 도네이션 입장이 시작되는 5시 45분보다 무

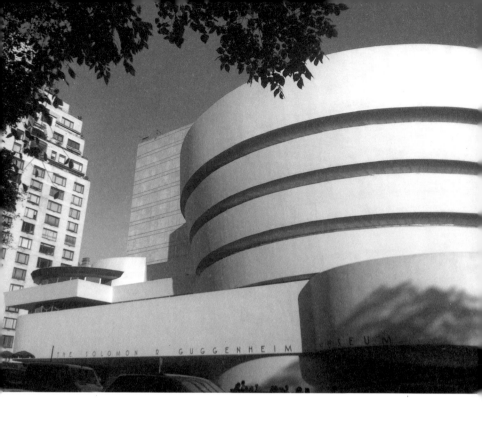

려 한 시간이나 일찍 도착했는데도 이미 입구는 인산인해다. 공짜 찾
는 건 세계 만국공통의 정서임을 실감한다. 혹시 죽어라 줄만 서다가
커트라인에 걸리는 거 아닐까 조마조마했지만, 다행히 입장에는 성공
했다. 심장에 무리 없이 안전하게 입장하려면 적어도 한 시간 반 전부
터 대기하길 추천한다. 입장료를 도네이션으로 대체하는 방식이지만
특별히 기부를 강요하는 분위기는 아니다. 지갑에 손을 대는 액션을
취하면 오히려 직원이 적극적으로 그럴 필요 없다고 손을 내저을 정

도다. 다시 말해, 전액 무료라는 얘기! 주머니 사정 가벼운 여행자에게 진정 꿀같은 기회 아닌가.

★ TIP 정리 ★

미술관 공짜 DAY

▶ 구겐하임(뉴욕): 토요일, 오후 5:45~7:45

▶ MOMA(뉴욕): 금요일, 오후 4:00~

▶ 메트로폴리탄 미술관(뉴욕): 1불 도네이션

▶ 루브르 박물관(파리): 매달 첫 번째 일요일(단, 11월~3월까지)

▶ 오르세 미술관(파리): 매달 첫 번째 일요일

여행지 패션도
전략이다

인천공항 출국장에 서 있다 보면 자꾸 헷갈린다. 여기가 북한산인지 국제공항인지. 분명 등산배낭이 아닌 캐리어를 끌고는 다니는데, 차림새만 봐서는 영락없는 등산객이다. 엄홍길 대장님이 따로 없다. 그런데 이런 중년의 가슴 절절한 등산복 사랑, 비웃을 것 없다. 젊은 사람들이라고 크게 사정이 다르지 않으니 말이다.

해외 어디를 가든, 동양인들이 아무리 뒤섞여 있어도 한국 여자는 단박에 알아볼 수 있다. 특별히 말 한 마디 안 걸어 봐도 백발백중이다. 펌, 염색 없이 흑단처럼 새까만 머리채 휘날리는 여자는 중국, 청담동 숍에 다녀온 듯 한껏 공들인 메이크업에 샤기컷을 한 여자는 일본인일 확률이 높다. 그렇다면 한국 여자는 어떨지 궁금한가? 당신 바로 옆에 있는 처자를 보시라. 구구절절 설명하지 않아도 척하면 척이다. 한국 여자 패션을 가만 보면 특유의 '꼬'가 있는데, 해외를 가도 그 스타일을 그대로 고수하는 경우가 많아 알아보는 게 그리 어렵지 않다.

이 시점에서 한 가지 의문이 생긴다. 굳이 해외까지 와서 한국에서 온 여행자임을 만천하에 인증하고 다닐 필요가 있을까? 편한 청바지

차림에 오래 걷기에 최적화된 나이키 운동화, 며칠 감지 않은 머리를 가뿐하게 커버해줄 야구모자, 그리고 어깨에는 배낭가방! 패션이 너무 전투적이라는 생각이 들지 않는가. 나 또한 활동하기 편한 차림이 여행자의 패션이라 굳게 믿던 때가 있어 이해를 못하지는 않지만, 우리의 관광객 신분은 비밀에 부치고 이제 한 발짝만 더 과감해져보자.

현지 패션을 스캔하라!

나는 여행가방을 꾸릴 때 옷은 입을 만큼의 절반만 챙겨가는 편이다. 현지에서 공수하는 편이 짐 무게는 'DOWN', 스타일은 'UP'할 수 있기 때문이다. 현지 패션을 꼼꼼하게 스캔하면서 코스프레를 시도해보는 것도 한 방법이다. 한국에서 바리바리 싸온 옷만 고집하지 말고, SPA브랜드에서 쇼핑도 하면서 새롭게 스타일링 해보자. 큰 돈 들이지 않고도 멋스럽게 연출할 수 있다. 이런 것도 여행의 묘미다.

··

★ TIP 정리 ★
국가별 추천하는 SPA 브랜드

▶ 스웨덴: H&M

▶ 영국: TOPSHOP, NEXT

▶ 스페인: ZARA, MANGO, Bershka

▶ 미국권: GAP, FOREVER 21, American Apparel, OLD NAVY

※ 동남아시아권을 여행한다면 SPA브랜드보다 더 좋은 게 있다!

커다란 스카프 형태의 '사롱'은 스타일리시한 비치웨어로 딱! 우리 돈으로 만원 미만이면 흡족한 디자인의 제품을 살 수 있는데, 매듭법에 따라 천 가지 스타일링이 가능하니 도전해보도록 하자.

....

T.P.O에 맞는 아이템을 준비하자

'때Time와 장소Place, 상황Occasion에 맞게'라는 명제는 여행지에서도 아주 중요한 키워드다. 미술관 갈 때 입는 옷과 클럽 의상이 같을 수는 없다. TPO에 어긋난다고 쇠고랑 차는 일이야 없겠지만, 부끄러움은 고스란히 당신의 몫이다. 어차피 여행자 신분이니 등산복을 입든 넝마를 주워 입든 괜찮겠지 하는 자기중심적인 발상은 버리도록 하자. 부디 혼자 딴 세상에서 살다 온 사람 같은 돌출행동은 삼가고, T.P.O에 맞는 스타일링으로 현지 분위기에 자연스럽게 스며들어보자. 그게 바로 우리가 추구하는 여행의 대전제 아니겠는가.

뉴욕에서 물 좋다는 바를 물색하던 중 ink48 호텔의 Press Lounge

를 알게 됐다. 맨해튼 야경이 한눈에 내려다보이는 환상적인 뷰를 자랑하는 곳으로, 드라마 〈패션왕〉에서 유아인의 자살 장면을 촬영한 곳이기도 하다. 한창 물오른 시간인 밤 열한 시경 목적지로 출발했다. 전날 소호의 ALDO에서 산 12센티미터짜리 웨지힐에 H&M에서 건진 숏팬츠로 단단히 무장하고 말이다. 핫스폿답게 40분 가량 대기한 끝에 입장할 수 있었는데, 물 좋다는 게 뜬소문이 아니었다.

듣던 명성대로 미드 주인공으로 나올 법한 선남선녀들이 총출동한 듯 보였다. 특별한 드레스코드가 있는 건 아닌 듯 보였지만, 동네 마실 나가는 듯한 평범한 차림새로 왔다면 제대로 주목받았을 게 분명하다. 한껏 스타일에 힘을 준 덕에 그나마 꿀리지 않고 버틸 수 있었다(이 것은 진정한 정신승리!). 안 그랬다면 프레스 라운지는 내 여행 인생에 길이 남을 흑역사로 기록됐을지도 모르겠다. 나는 우연히 알게 된 현지 유학생과 합석해 외롭지 않게 분위기를 즐길 수 있었고, 시간이 흐를수록 마치 뉴요커가 된 듯 한 착각에 빠져들었다. 적어도 그 순간만큼은.

이때 뼈저리게 실감한 것 하나. T.P.O에 맞는 패션의 중요성이다. 여행지에서 그 공간을 100퍼센트 즐기고 싶다면 반드시 때와 장소에 맞는 패션을 염두에 두길 바란다. 혹시 뭔가 흥미로운 일이 생길지도 모르니 말이다.

....

★ TIP 정리 ★

옷 살 때 유용하게 쓰이는 생존 영어

쉬운 영어지만 막상 닥치면 떠오르지 않아 고생한다. 열 가지만 기억해두자!

1. 그냥 구경중인데요: I'm just looking around. thank you.

2. 더 큰 사이즈 있어요?: Do you have a bigger size?

3. 좀 더 싼 거 있나요?: Please show me a cheaper one.

4. 10불만 깎아줘요: I want 10 dollars discounted.

5. 이거 입어볼게요: I'd like to try this on.

6. 이거 살게요: I wll take this one.

7. 다 합해서 얼마죠?: How much is it all together?

8. 카드 되죠?: Do you accept credit cards?

9. 따로 포장해주세요: Could you wrap each item separately?

10. 환불해주세요: I'd like to return this one please.

....

여행 사진의 완성은 패션~ 화보를 남겨라!

여행에서 남는 건 사진밖에 없다? 빙고! 만고불변의 진리다. 서양인
들 눈에 한국 사람은 여행을 '니콘'이랑 가는 것처럼 보인다. 들입다 사
진만 찍어대는 우리를 이해 못 하겠다지만, 솔직히 그들에게 굳이 이
해를 구할 이유도 없지 않은가. 내 돈 주고 가는 여행이니 남의 눈치
따위 개나 줘버리고, 누가 뭐라 든 우리 식대로 하면 되는 거다.

　하루쯤은 이국의 근사한 풍광을 배경으로 화보를 찍는 날로 정해보
자. 파리지앵보다 더 파리지앵답게, 뉴요커보다 더 뉴요커답게 '스타

일 업'하고 말이다. 그런데 혼자 여행 갔을 때 가장 아쉬운 게 바로 이 지점이다. 지나가는 행인에게 사진을 부탁할 수밖에 없다는 것. 한 번 쯤 외국인에게 사진 좀 찍어달라고 부탁해 본 사람은 알 거다. 수전증 이라도 있는지 초점이 안 맞거나, 혹은 머리를 댕강 잘라 먹는다거나. 사진을 보고 있자면 눈물이 앞을 가릴 때가 많다.

요즘 해외 현지 여행사에서 '스냅 사진 투어'가 유행처럼 번지고 있 는데, 금전적으로 여유가 된다면 활용해보는 것도 방법이다. 내가 나 한테 반할 만큼 멋들어지게 스타일을 장전했다면, 여행지에서 일생일 대의 화보 한 장을 남겨보자. 어디 모델만 패션 화보 찍으란 법 있나?

공짜라서 즐거운
공원 활용법

여행지에서 우리는 참 분주하다. 뒤에 빚쟁이가 쫓아오기라도 하는 것처럼 늘 서두른다. 내일 모레 수능 앞둔 고3 수험생보다 시간을 더 쪼개서 알뜰하게도 여행한다. 좋게 말하면 태도가 아주 근면 성실하다.

게스트하우스에서 묵다 보면 이런 여행자를 꼭 목격하곤 한다. 꼭 두새벽부터 젖은 머리 드라이하면서 조식까지 야무지게 해치우고 나갈 채비 마친 세상 부지런한 여자 말이다. 어떻게 시간 내서 온 여행인데, 태평하게 여유 부릴 처지가 아니라는 거 백 번 이해한다.

24시간이 분주한 그녀에게 '공원'은 그저 사치일지도 모르겠다. 한 군데라도 더 발도장을 찍어야 직성이 풀릴 테니 공원은 그저 스쳐 지나가는 '관람' 대상이 될 공산이 크다. 그런데 그거 아시는가? 여행지에서 공원만큼 놀기 좋은 데도 없다는 사실.

처음 유럽일주를 떠났을 때다. 가이드북에서 런던에 가면 하이드파크를 꼭 가봐야 한다고 해서 일단 갔다. 빡빡하게 짜놓은 여행 일정표를 보니 하이드파크에서 보낼 수 있는 시간은 겨우 한 시간 남짓. 나는 그곳을 한 시간이면 충분히 '구경'할 수 있을 거라 판단했던 모양이다. 심지어 비까지 추적추적 내리는 궂은 날씨에도 불구하고 기어이 거길 갔다. 지금 생각하면 융통성을 국 끓여먹은 한심하기 짝이 없는 행동이다. 그렇게 악착같이 '구경'하러 간 공원이 즐거울 리 없었다. 이게 다 공원에 대한 이해도가 부족했던 탓이다.

그 후 깊은 깨달음을 얻은 나는 숙소를 정할 때 고려하는 조건을 하나 늘렸다. 바로 '걸어갈 수 있는 거리에 공원이 있는가'다. 이듬해에 언니와 다시 런던에 갔을 때 머문 숙소는 걸어서 10분 거리에 '세인트 제임스 파크'가 있었다. 이곳이 우리 자매에게 더할 나위 없이 훌륭한 테마파크 역할을 해주었다.

우리는 세인즈버리Sainsbury's supermarket에 들러 1파운드짜리 싸구려 땅콩과자를 사들고는 공원에 딸린 식솔인 비둘기며 다람쥐, 백조들에게 배식을 하곤 했다. 몇 번 하다 끝날 줄 알았는데 결국 매일 아침의 일상이 됐다. 별거 아닌 듯 보여도 이거 의외로 '꿀잼'이다(단, 펠리컨에게는 귀한 오른손까지 내줘야 할 수 있으니 각별히 손을 조심해야 한다). 지금 지극

히 사소한 내 경험담을 들려주는 건 서둘러 공원에 나가 새한테 모이
나 주라는 뜻이 아니다. 공원만큼 낯선 도시를 일상의 공간으로 만들
어 주는 곳도 없다는 걸 강조하기 위해서다.

　자기만의 벤치를 정해 그 벤치에서 샌드위치로 가볍게 아침을 해
결한다거나, 노트를 들고 나가 일기를 기록한다거나, 독서에 빠져보
는 것도 좋다. 그렇게 여유롭게 보내는 시간만큼은 여행지를 스쳐 지
나가는 관광객이 아닌 동네 주민이 된 듯한 기분이 들 것이다. 바쁘게
여행하다 보면 계속 뭔가를 꾸역꾸역 눈에 담으려고 욕심 부리게 되

는데, 여기에는 부작용이 하나 있다. 나중에 생각해보면 그게 내가 직접 본 건지 책에서 본건지 헷갈리는 거다. 오감으로 경험한 것만큼 또렷하게 기억되는 것도 없으니, 공원을 '눈'으로만 보지 말고 '온몸'으로 즐기시라. 분명 당신에게 최고의 놀이터가 되어 줄테니.

강력 추천! 모닝 조깅 나가기

솔직히 우리 모두의 로망 아닌가. 센트럴파크에서 발랄하게 조깅하는, 마치 스포츠 브랜드 광고의 한 장면이 연상되는 그 미장센의 주인공이 되어 보는 것 말이다. 공원에서의 조깅을 추천하는 이유? 그까짓 거 하루 종일이라도 댈 수 있다. 예의 그 울창한 숲만 봐도 따로 측정해 보지 않아도 아침 공기질이 청정 1등급으로 나올 게 뻔하지 않은가. 확실하다. 풍경은 또 얼마나 예술인가. 그리고 뭐니뭐니해도 공원을 달리고 있는 내가 폼이 난다. 이런 천혜의 자연에서 조깅 한 번을 안한다는 건 공원에 대한 모독이다.

누누이 말하지만 꼭두새벽부터 숙소를 나서는 부지런한 여행자들이여, 그렇게 일찍 나가봐야 특별히 어디 갈 데도 없지 않은가. 운동화 끈 단단히 졸라 매고 근처 공원으로 나가보자. 장기간 여행하다 보면 체력이 떨어져서 감기몸살로 고생하는 경우가 많은데, 영양제 챙겨 먹는 것보다 조깅이 백 번 낫다. 하루를 상쾌하게 출발할 수 있는 건 물론, 운 좋으면 8등신의 조각 몸매들이 웃통 벗고 뛰는 장면도 목격할 수 있다(유럽이나 뉴욕 남자들은 한겨울에도 그렇게 반팔 차림으로 조깅을 한다). 폐만 깨끗해지는 게 아니라 눈도 아주 호강한다.

공짜 문화 혜택, 공연 관람하기

이쯤에서 내가 애정하는 공원 순위를 매겨보도록 하겠다.

3위는 하와이의 카피올라니 파크. 와이키키 해변에 인접해 있어 백

만달러짜리 뷰를 감상할 수 있다는 게 가장 큰 매력 포인트! 아름드리 반얀트리 그늘 아래에서 피크닉을 즐기다보면 여기가 에덴동산이구나 싶다.

　2위는 런던의 세인트제임스 파크. 과거 영국 왕실의 전용 공간으로 쓰였을 만큼 노블하기가 둘째가라면 서럽다. 다람쥐며 비둘기, 펠리컨, 백조, 흑조, 갈매기에 이르기까지 다채로운 동물들과 교감할 수 있다는 게 장점. 지상낙원이나 진배없다. 사실상 버킹엄 궁전의 정원 같은 역할을 하고 있어 운이 좋으면 빅토리아 여왕과 마주칠 수도 있다

(나는 마차를 타고 입궁하는 여왕님을 먼발치에서나마 뵌 적이 있는데, 꿈인가 생시인가 할 정도로 신기했다).

1위는 뉴욕 맨해튼에 있는 센트럴파크와 브루클린 공원. 이유는 아주 명확하다. 유명 극장에서 비싼 돈 주고 볼 만한 공연을 공짜로 제공하기 때문이다. 여름이면 센트럴파크에 연극 무대가 세워지는데, 놀라지 마시라. 셰익스피어의 기라성 같은 작품을 시리즈로 공연한다. 자리 경쟁이 치열해 새벽 여섯 시부터 이미 줄이 늘어난다. 아마 그만한 가치가 있다는 반증일 거다.

또, 세계적으로 명성이 높은 메트로폴리탄 오페라단은 뉴욕의 공원들을 돌며 순회공연을 한다. 역시 입장료 따위 없다. 돗자리만 먼저 깔면 R석에 버금가는 명당을 차지할 수 있는 거다. 덤으로 피크닉까지 즐기며 감상할 수 있으니 웬만한 공연장보다 오히려 낫다.

나도 브루클린 공원에서 공연이 있던 날 홀푸즈 마켓에서 샌드위치와 체리 한 바구니를 사들고 한 자리를 차지했다. 오페라 발성이라 (물론 핑계다) 단 한 음절도 알아들 수는 없어 아쉽긴 했지만, 가난한 여행자에게는 왕대박 찬스 아닌가. 무려 메트로폴리탄 오페라라니!

혹시 공원을 사랑하게 될 것 같은 촉이 왔다면, 반드시 뉴욕으로 여행 가시길 추천한다. 공원이 가진 매력의 정수를 맛볼 수 있으니 말이다.

▶무료 셰익스피어 공연: 센트럴파크

http://publictheater.org/en/Programs--Events/Shakespeare-in-the-Park/

▶메트로폴리탄 오페라 썸머 리사이틀: 센트럴파크, 브루클린브릿지 파크 포함 6개 공원

http://www.metopera.org/

Episode 9.
달밤의 잔디밭 영화제에서 생긴 일

언뜻 말만 들어도 설레지 않는가? 지붕 없는 달빛 하늘 아래의 영화
제라니. 매년 한여름 밤에 열리는 영화 상영회 덕에 브라이언트 파크
의 잔디광장은 늦은 밤까지 불야성을 이룬다. 이름하여 「Bryant park
summer film festival」. 〈섹스앤더시티〉를 제작한 HBO 채널이 주관
하는 행사로, 작품성을 인정받은 명작만을 선별해 상영하는 영화제
다. 얼추 네 시간 전에는 와야 한 자리 차지할 수 있을 만큼 그 인기가
말도 못한다.

　이날의 상영작은 고전영화의 대명사 '조로(1920)'.

　오후 다섯 시경. 퇴근시간 즈음이 되자 속속 도착한 뉴요커들로 잔

디밭은 만원이다. 내 옆자리에 30대로 추정되는 남자 둘이 자리를 깔았는데, 영화는 안중에 없는지 담요 한 장 나눠덮고 끈적한 눈빛 교환에 열중이시다. 의심의 여지가 없는 명백한 연인 사이다. 옷을 입고 있는 중인지 벗고 있는 중인지, 눈을 어디에 둬야 할지 모를 과감한 노출 패션을 한 처자들도 눈에 띈다. 이럴 때 한국 사람은 대번에 티가 난다. 생경한 광경에 본능적으로 눈동자가 동분서주하다. 반면 뉴요커들은 남의 사정은 관심 밖인지 쿨하기가 지상 최고다.

혼자 여행에 익숙한 나지만, 이번만큼은 사람들과 어울리고 싶어져 SNS로 알게 된 여행자 무리에 합류해 일찌감치 자리를 확보했다. 해외에서 이렇게 많은 한국 사람들과 한 자리에 모인 건 처음 있는 일이다. 대략 열 명 남짓이 모였는데 하나같이 양손에는 바리바리 싸온 맥주와 주전부리가 들려 있다. '공원=맥주'라는 공식 하에, 내 손에도 편의점에서 업어 온 1리터짜리 하이네켄이 여지없이 들려 있었다(나중에 알게 된 사실인데, 맨해튼에서는 지붕 없는 곳에서의 음주가 불법이라고 한다. NYPD에게 붙들려가지 않은 게 천만다행이다).

뉴욕지사에 출장차 왔다는 30대 초반의 남자, 10년 근속한 직장을 때려치우고 온 내 또래의 여자, 방학을 맞아 아버지 회사에 일 배우러 온 대학생, 휴가로 왔다는 잡지사 에디터. 열 명 남짓한 무리에서 캐릭터 겹치는 사람이 단 한 명도 없다는 게 놀랍다.

여행 중에는 간혹 이렇게 낯선 사람들과 어울릴 기회가 생기는데,

희한하게도 각자의 스토리를 들어보면 못난 사람은 하나도 없고 모두 잘난 사람들뿐이다. 셋 중 하나다. 좋은 직장이 있거나, 부자 아빠를 뒀거나, 여행을 하려고 힘들게 들어간 직장쯤 쉽게 관둘 수 있는 대찬 성격의 소유자이거나. 이 얼마나 영화 속 주인공처럼 멋지고 아름다운 인생인가. 듣고 있자니 그네들의 팔자가 너무 부럽다. 여행자의 사연 가운데 찌질함으로 점철된 우여곡절은 눈 씻고 찾아봐도 없다.

물론 그날 그 자리에서 나 역시 그런 사람 중 하나로 보였을지 모르겠다. 남들 시선에 그럴듯해 보이려고 무의식중에 심혈을 기울여 포

장했으리라. 방송작가라는 조금은 희소한 직업이 누군가의 눈에는 근사해 보일지도 모르겠다. 그래서 4대 보험이며 보너스, 퇴직금도 없는 비정규직 프리랜서라는 방송작가의 본질은 천기누설에 부치고, 나의 처지는 공개하지 않기로 한다.

거짓으로 꾸밀 필요까진 없지만 그렇다고 굳이 묻지도 않은 치부를 밝힐 필요도 없는 얄팍한 사이. 여행지에서 만난 사람들과의 거리는 딱 이 정도인 것 같다. 여행자의 심리 저 밑바닥에는 한국에서의 처지나 상황은 잊고 분명 나를 좀 더 근사한 사람으로 보이고 싶어 하는 마음이 있는 게다. 여행자 신분만이 누릴 수 있는 특권처럼.

　나의 쓸쓸한 기분과는 상관없이, 후텁지근한 한국의 여름과는 딴판인 뉴욕의 밤공기는 청량했고, 맥주 한 캔은 딱 기분 좋을 만큼만 취할 수 있게 도와줬다. 끄억.

비 오는 날,
어떻게 놀까?

혹시 여행하는 내내 날씨가 화창했던 경험이 있는가? 그렇다면 당신
은 전생에 큰 덕을 쌓은 게 확실하다. 맑은 날씨는 여행자가 누릴 수
있는 가장 큰 행운 중 하나다. 아침에 깼는데 하늘에서 뭔가 쏟아질 것
같은 징조가 보인다면, 바깥 나들이는 진즉에 글러먹은 것이다. 다시
말해 하루를 공치게 될 확률이 높아진 거다. 사람 환장할 노릇이다.

하지만 여행지에서의 하루는 얼마나 귀한가. 방구석에서 청승떨며
비 그치기만을 기다릴 수는 없는 법. 비 온다고 좌절 말고 적극적으로
하루를 즐겨보자.

비 오는 날? 카메라 들고 밖으로 출동!

여러분 그거 아시는가. 화창한 날만큼 비 오는 날도 사진 찍기 좋은 조
건이라는 것을. 이쯤에서 통영을 주 무대로 활동하고 있는 포토그래
퍼 이상희 선생님께 직접 전해 들은 정보를 공유하고자 한다. 이 분이
누구냐면, 예전에 배우 엄태웅이 한 광고에서 무인도를 찾아다니는
포토그래퍼를 연기한 적이 있는데, 그 실제 모델 되시겠다.

　이 분의 말씀을 빌리자면 비 오는 날은 그야말로 감성 사진 찍기에

적합한 컨디션이라고 한다. 비가 오면 피사체가 젖어 질감이나 색깔이 싱그럽고 선명해져 더 멋있어진다는 논리다. 특히 건물 처마 밑에서 바라본 비 오는 풍경이나 유리창에 맺힌 빗방울, 우산 속에서 바라본 비 오는 하늘 등이 좋은 소재가 되니 한 번 공략해보라 하셨다.

이때 비의 양에 따라 셔터 속도를 조정해 빗줄기를 표현하는 것이 핵심 포인트다. 쉽게 정리하면 다음과 같다.

1) 셔터스피드 < 비 내리는 속도 → 비가 사선으로 내리는 모습
2) 셔터스피드 = 빗방울 속도 → 빗방울이 동글동글 맺힌 사진

비 오는 날이란 게 참 신기하다. 감성에 산소 호흡기를 댄 것처럼 없던 감성도 살려내니 말이다. 평소 사진에 재주 없는 사람이라도 작품 하나 얻어걸릴 수 있는 게 비 오는 날이니, 애꿎은 방바닥이나 긁고 있지 말고 외출을 감행하자. 카메라 하나 챙겨 들고 말이다.

실내 스케줄 소화하기

사진에는 도통 관심도 없고 눅눅할 때 돌아다니는 걸 질색하시는 분들, 여러분을 위한 방법은 이거다. 비 오는 날에 실내 일정을 몽땅 때려 넣는 거다.

일테면 미술관이나 박물관처럼 바깥 날씨와 상관없이 즐길 수 있는 것들 말이다. 어차피 소화해야 하는 스케줄이라면 궂은 날 해치우는 게 상책이다. 미술관은 보통 규모도 크고 창도 없기 때문에 바깥 날씨에 구애받지 않기 마련이다. 밖에서 천둥이 치든 벼락이 떨어지든 내 알바 아니란 얘기다. 게다가 관람객 수도 뚝 떨어져 방해받지 않고 여유롭게 작품을 감상할 수 있으니 일석이조다.

쇼핑센터에 가서 밀린 쇼핑을 몰아서 하는 것도 좋다. 여자라면 대부분 공감할 거다. 논문 쓰는 심정으로 심사숙고해가며 목록을 작성한 만큼, 쇼핑이란 반드시 수행해야 할 숙제가 아니던가. 화창하게 맑은 날 쇼핑센터에 틀어박혀서 눈이 뒤집혀라 장바구니를 채우다 보면 날씨가 아까워 미친다. 그러니 어차피 바깥 나들이를 못 할 조건이라면 이럴 때 밀린 숙제를 하시라는 거다. 하루 종일 쇼핑만 해도 결코 지루하지 않을 거다.

책 읽기 좋은 날씨

합정동에 평소 자주 가는 북카페가 있다. 이동진 기자님의 팟캐스트 오픈 스튜디오로 유명한 곳인데, 음악 선곡도 좋고 커피 맛도 훌륭한 편이라 한동안 뻔질나게 드나들었다. 하루는 밀린 책을 몽땅 읽으리라 작심하고 까페에 들어섰다 두 시간도 못 버티고 밖으로 튀어나오고 말았다. 하늘이 기가 막히게 화창한 거다. 이런 날 실내에 있다는 건 고문에 가깝다.

반대로 지구 종말이라도 올 듯 하늘이 시커먼 날이 있다. 밖에 지나가는 여자의 우산이 홀라당 뒤집어지고 스커트까지 난리가 난 상황을 목격할 때면, 안락한 까페에서 책을 읽고 있는 나는 세상에서 제일 행복한 사람이다(흠, 너무 이기적인가?).

저기압의 무거운 공기 탓에 집중력은 한층 고양되고, 간간이 들려오는 빗소리에 감성도 풍부해진다. 글이 술술 읽힌다. 책 한 권이 금세 뚝딱이다. 이처럼 비가 오는 날이면 캐리어에 챙겨온 책 한 권을 꺼내 카페로 가보자. 하루가 감성으로 풍성해지는 기분을 만끽할 수 있을 것이다.

★ TIP 정리 ★

해외여행 갈 때 가져가면 좋은 책의 조건

1. 왜 가져왔나 후회하지 않도록 얇고 가벼운 책
2. 한 권을 읽고 또 읽어도 절대 싫증나지 않는 좋아하는 작가의 책
3. 지구별 여행자의 기분을 최대치로 증폭시켜주는 책

※ 나에게 이 세 조건을 모두 충족하는 단 한 권의 책은 파울로 코엘료의 『연금술사』다. 하도 읽어 껍데기가 다 벗겨질 정도로 낡아버린 이 한 권은 여전히 나의 모든 여행과 함께 하고 있다.

여행지 로맨스에 대처하는 법

옛날 고리짝적 얘기 한 번 하겠다. "애기야, 가자!" 이 한마디로 한반도에 일대 파란을 일으킨 전설의 드라마 〈파리의 연인〉이 있다. 여느 여자처럼 파리에만 가면 박신양 같은 재벌 2세와의 로맨스가 펼쳐질 거라는 망상에서 허우적대던 나, 일말의 망설임 없이 파리 여행을 실행에 옮겼다. 하지만 마주하게 된 파리의 현실은 냉혹 그 자체였다. 파리지앵과의 로맨스는 개뿔, 호되게 봉변을 당한 거다.

해가 완전히 떨어진 늦은 저녁, 친구와 바토무슈를 타러 가는 길에 한 남성과 마주쳤다. 말로만 듣던 파리지앵! 그런데 넥타이를 반쯤 풀어헤친 모양새가 한 눈에 봐도 인사불성, 전문용어로 꽐라 상태다. 이럴 때는 피하는 게 상책인데, 이미 선수를 친 그 남자는 우리와 눈이 마주치자 행패를 부렸다. 그리고는 가래침을 뱉듯 내던진 한 마디!

(불어를 전공한 친구의 통역에 따르면 그가 던진 말은 이러하다.)

"너희 얼마야?"

얼……마? 세상에 이런 호랑말코 같은 자식을 봤나. 이 맥락에서

'얼마'는 여러분이 생각한 그 '얼마'가 맞다. 술을 먹었으면 곱게 집에 들어갈 것이지 죄 없는 우리에게 웬 행패란 말인가. 지금은 이렇게 욕이라도 하지만, 당시 친구와 나는 혼비백산해 벌렁대는 심장을 부여 안고 바토무슈로 피신했다. 여행자 로맨스의 로망이 무참히 깨지는 순간이었다.

내가 꿈꾸던 파리지앵 로맨스는 한 방에 박살이 났지만, 여러분도 그러리라는 법은 없다. 내게 운발이 따르지 않았을 뿐, 여러분의 여행길에는 드라마틱한 로맨스가 기다리고 있을 수 있다(암요, 그렇고 말고요). 하지만 경계심 없이 뛰어들었다가는 큰 코 다칠 수 있으니, 다음 내용에 주위를 기울이시기 바란다.

감정 과잉을 조심하라!

사람 마음이라는 건 참 간사하다. 특히 여행지에서는 더더욱 그렇다. 평정심을 유지하기가 쉽지 않다. 설렘 지수가 폭발하면서 냉철해야 할 판단력이 극도로 흐려진다. 특히 이성에 관해서라면 두말할 것도 없다.

지구 땅덩어리가 이렇게나 넓은데 하필 이 도시, 그것도 같은 시간에! 그 희박한 확률로 우리가 만났다는 사실이 하늘의 계시인 것만 같을 거다. 찬물 끼얹으려는 건 아니지만, 우리 냉정해지자. 이건 명백한

'우연의 일치'다.

　물론 하늘이 맺어준 인연일 수도 있다. 작가 선배 J의 경우가 그렇다. 그녀는 런던을 여행하던 중 현지인과 사랑에 빠져서는 귀국 일정을 취소하고 6개월을 눌러앉아 버렸다. 한국에 돌아온 후에도 애끓는 장거리 연애를 이어갔으니, 가히 여행지 로맨스의 성공적 사례라 할 수 있겠다. 이렇게 잘 풀리면 다행인데, 괜히 헛다리짚고 낭패를 볼 수도 있으니 신중에 신중을 기해야 한다.

낮선 도시에서 이성을 만나면 왠지 더 그럴듯해 보이고 뭔가 있어 보이곤 한다. 서로에 대한 정보가 제한적인 탓이다. 본인을 소개할 때 그럴듯한 부분만 포장해서 전달하다 보니, 상대방에 대한 평가가 인플레이션 되기 쉽다는 얘기다. 그리고 낮선 도시가 주는 신비감 때문인지 몰라도 지금의 상황이 한없이 로맨틱하게 느껴진다. 두근두근하던 심장에 불씨가 점화된다. 이제 사랑에 빠지는 건 시간문제다.

실제 사례가 있다. 저예산으로 해외 촬영을 할 때는 PD와 통역 가능한 현지 코디 단 둘이서 진행하는 경우가 있다. 우연찮게도 피디 O는 30대 중반의 남자, 코디는 또래의 여자였는데, 파리, 독일을 거쳐 일주일 이상을 붙어 다니다 보니 자기도 모르게 몽글몽글한 감정이 생기더란 거다. 당장이라도 무슨 일이 벌어질 것 같은 일촉즉발의 상황이 되었다. 낮선 도시에 둘만 있다가 분위기에 취해 '착각'을 하게 된 거다. 마치 상상임신처럼 말이다.

왜 남의 로맨스에 고춧가루를 뿌리냐 비난하겠지만, 나의 판단은 적중했다. 촬영을 마치고 인천공항에 함께 도착한 순간, 마술처럼 그의 눈에서 콩깍지가 벗겨지고 말았다. 안개에 싸인 듯 오리무중이던 판단력이 유리처럼 맑아졌다. 그렇게 가슴 설레게 하던 그녀가 그저 그런 여자로 변해 있더라는 거다.

레드썬! 현실로 돌아온 거다. 평소 같으면 눈에 차지도 않을 이성도 여행지에서는 매력적으로 보일 수 있다는 얘기다. 순전히 분위기에 취해서 벌어진 판단오류다. 그러니 돌다리도 두들긴다는 심정으로, 혹시 내 감정이 과잉된 것은 아닌지 확인하시길 바란다.

싱글인지 확인했는가?

만약 여행 중 청혼을 받는다면? 영화에서나 벌어질 것 같은 일이지만, 내 주변에는 드문 일이 아니다. 그녀들의 미모 수준을 보면 허언증이 아닐까 반신반의하게 되는데, 무조건 진짜란다. 상대방이 하도 적극적으로 결혼을 애원해 거절하느라 무척이나 애를 먹었다고 한다.

30대 초반의 피디 B의 이야기다. 내세울 거라고는 밀가루 반죽같이 하얀 피부밖에 없던 그녀, 혼자 인도로 배낭여행을 떠났더니 인도 남자들이 눈만 마주치면 결혼해달라고 유혹하더란 거다. 도도하게 뿌리쳤다던 그녀의 무용담을 들으며 무슨 특별한 매력이 있나 의아해했는데, 알고보니 한국에서 온 여자 여행자 대부분이 흔히 듣는 소리라고 한다. 사정을 듣고 보니 상황이 백 번 이해가 갔다.

다음은 20대 초반의 작가 L이 겪은 일이다. 촬영차 몽골에 갔는데, 지역의 우두머리로 추정되는 어르신께서 본인의 장남과 결혼해달라며 간청하더라는 거다. 부잣집 맏며느리 같은 후덕한 외모와 생소한 전통음식도 가리지 않고 잘 먹는 식성이 꽤나 마음에 들었다고 한다. 아마 그녀는 몽골남자의 이상에 가까웠던 모양이다.

그런데 만약 누군가 진지하게 연애를 걸어온다면 반드시 확인해야 하는 게 있다. 바로 상대방이 싱글인지 여부다. 스마트폰이 없던 불과 몇 년 전까지만 해도 당최 확인할 길이 없었으나 지금은 상황이 다르다. SNS로 얼마든지 사이버수사가 가능하다.

선배 작가 K는 유럽 여행 중 우연히 만난 남자와 불꽃이 튀어 남은 인생을, 아니 남은 일정을 함께 했다고 한다. 누가 봐도 미니시리즈감 아닌가. 24시간을 함께 붙어 있다 보니 자연스럽게 연애 아닌 연애를 시작하게 됐고, 그렇게 여행지에서 영혼의 단짝을 만난 줄만 알았던 그녀. 그때만 해도 까맣게 몰랐다.

여자보다 출국일자가 앞섰던 남자는 한국으로 먼저 돌아갔고, 그 후 한국에 돌아온 그녀는 그와의 로맨틱한 재회를 꿈꾸며 그를 수소문하기 시작했다. 그런데 이럴 수가! 알고보니 그는 약혼녀가 시퍼렇게 살아 있는 예비 신랑이었던 것이다. 청춘 미니시리즈가 막장 드라마로 변질되는 순간이다. 100퍼센트 실화다.

결국 로맨스는 비극으로 끝이 나고, 로맨스의 주인공은 순식간에 나쁜 놈이 되었다. 결혼을 앞두고 싱글 행세를 한 그 놈도 문제지만, 단 한 번도 싱글인지 확인하지 않은 그녀의 잘못도 무시 못 한다. 여행 중 로맨스도 좋다만, 눈에 피눈물 흘리는 일은 없어야 하지 않겠는가. 반드시 임자 있는 몸인지 확인하시라.

휴양지를 여행하는 법

방전(放電) 혹은 방전(放錢).

체력이 고갈됐거나 또는 금전이 바닥났을 때, 똑 떨어지는 여행지
가 있다. 길바닥에서 잠들어도 결코 얼어 죽을 일 없는 온화한 기후를
유지하며 병풍을 두른 듯 펼쳐진 오션 뷰가 지친 마음을 달래주는 곳.
우리는 이를 '휴양지'라 쓰고 '지상낙원'이라 읽는다.

내가 선호하는 도심지 여행도 어찌 보면 지갑에 배춧잎도 좀 넉넉하고 체력적으로도 전투력이 남아 있을 때, 다시 말해 팔자가 늘어졌을 때의 얘기다. 지금 당신이 처한 상황이 이도 저도 아니라면, 일상의 권태로 진절머리가 난다면, 꼴 보기 싫은 사람이 주는 스트레스로 이가 갈린다면, 꼬불쳐둔 비상금을 털어 속히 휴양지로 떠나길 추천한다.

격렬하게 아무것도 하지 마라!

휴양지를 여행할 때 유용한 최고의 팁은 사실 '아무것도 하지 않는 것'이다. 할 수 있는 최대한으로, 그것도 격렬하게 말이다. 사람들은 휴양지에 혼자 간다고 하면 진기한 동물 쳐다보듯 하지만(예전에 30대 초반의 총각 피디가 혼자 푸켓으로 여름휴가를 간다고 했을 때 한 선배 피디가 "저 XX 돌아이 아냐?"라고 하는 소리를 똑똑히 들은 바 있다), 사실 휴양지야말로 혼자 떠나기에 최적의 장소다.

휴양지에 갔다면 잠시라도 좋으니 휴대폰 없이 지내보자. 우리나라 여행자를 보면 공항에서부터 아주 분주하다. 유심부터 핸드폰에 장착해야 심적 안정을 찾기 때문인데, 최근 이런 증상을 보이는 SNS 증후군 환자들이 학계에 보고된 바 있다더니 딱 그 짝이다(물론 뻥이다). 정작 상대방은 별로 궁금해하지도 않는 자신의 안부를 실시간으로 보고

하는 풍경이 심심치 않게 목격되곤 한다. 자랑하고 싶은 마음이야 십분 이해하는 바지만, 잠시 속세와 인연을 끊어보면 어떨까. 그리고 나는 내가 생각하는 것만큼 중요한 사람이 아니다. 이메일 확인 못했다고, 문자에 답장 못해줬다고 세상 무너지는 거 아니니 안심하시라. 당장이야 손가락이 근질근질하는 금단현상이 도질지 몰라도, 곧 새로운 세상이 열릴 터이니.

그리고 자발적인 의지박약이 돼라. 이것저것 뭘 하려는 욕심을 내지 말란 소리다. 일주일에 6일씩 근무하는 빡센 스케줄로 심신이 피폐해져 있을 무렵, 지명 수배자처럼 도피하듯이 떠난 곳이 보라카이였다. 역시나 명불허전. 이름값을 제대로 하는 걸로 봐서 번지수 하나는 제대로 찾아왔구나 싶었다.

동남아 특유의 화이트비치는 전형적인 휴양지의 조건을 모두 충족시킬 만큼 흠잡을 데 없었다. 심지어 충격적으로 저렴한 물가에 애정도가 가파르게 상승했다(화이트비치의 근사한 선베드에서 마신 순도 100퍼센트의 망고 쉐이크가 단돈 2500원선이었다).

그런데 이곳에서 가장 인상 깊었던 것은 슈가 파우더 같은 하얀 모래사장도, 오렌지 빛으로 물든 비현실적인 석양도 아니다. 각 나라에서 온 여행자들의 지극히 대조적인 '노는 풍경'이다. 우리는 꼭 뽕을 뽑으려는 사람처럼 동분서주한데, 서양 여행자들은 세상 편한 자세로 주로 '드러누워' 있다. 비키니 차림으로 누워 세월아 내월아 여유를 즐

기는 모습을 보고 있으면 부럽기도 하고 뭔가 부끄럽기도 하고, 복잡
미묘한 감정이 된다. 이쯤 되면 심각한 내적갈등에 빠지기 시작한다.
본전 생각해서 뭐라도 더 해야 할까? 아니면 서양 언니들처럼 쿨하게
쉬어줄까? 경험을 토대로 말하건대, 후자를 택하시라. 여기에 온 '이
유'를 생각하면 정답은 쉽게 나온다.

　나는 화이트비치에 온 첫날 동네 스캔을 한 번 하고는 단골 삼을 만
한 바^{bar}를 찜해뒀다. 그러고는 밤낮으로 뻔질나게 출입했다. 낮에는
카페라떼를, 밤에는 산미구엘이나 모히또 한 잔을 시켜놓고 세상 팔

자 좋은 여자처럼 여유를 부렸다. 내 여행의 동반자『연금술사』를 읽으며 말이다. 돌이켜보면 그 어떤 여행의 순간보다 행복으로 충만한 기억이다.

휴양지용 짐싸기, 필살 아이템은?!

휴양지를 제대로 즐기려면 어떤 준비물을 챙겨야 할지 이야기해보자. 먼저 처음에 언급한 방전(放錢)을 떠올려보자. 돈 없을 때 휴양지에 가라는 건 괜한 쉰 소리가 아니다. 비치가 기본 옵션인 휴양지는 물놀이만 실컷 해도 본전을 뽑고도 남는데, 포인트는 이게 다 공짜라는 점이다. 워터파크처럼 입장료를 받는 비치는 없으니 말이다. 그렇다 보니 필수로 챙겨야 할 게 비키니와 래시가드다. 휴양지에 있다 보면 의도하지 않아도 일정의 절반 가량은 물에 젖어 있기 마련이므로 이왕이면 여러 벌을 준비하도록 하자. 또 숙소의 풀pool을 이용하는 경우도 많으니, 실내용과 비치용으로 각기 다른 스타일로 준비한다면 더 좋다.

이쯤에서 자신은 수영 무능력자라 물놀이 따위는 애초에 글러먹었다는 분들 계신가? 아직 절망하긴 이르다. 인류가 창조한 멋진 발명품, 스노클링이 있으니 말이다. 값도 아주 싸다. 보통 만 원대면 쌈박한 디자인으로 구입할 수 있다. 비키니 쇼핑하면서 스노클링만 하나 더 챙기자. 나 역시 중증 물 공포증 환자이지만 스노클링 장비만 있으면 '노 플라블럼'이다.

그리고 챙겨야 할 게 또 있다. 자외선 완벽 차단을 위한 선크림과 선글라스다. 보통 휴양지의 자외선 지수는 우리나라와 비교도 안 될 만큼 강력하니 제대로 대비해야 한다. 한국에서 미리 챙겨가는 것보다 현지에서 공수하는 게 나을 수도 있다. 방콕이나 보라카이 등 동남아는 물론 하와이에서도 SPF 100짜리 선크림이 절찬리에 판매중이니 참고하도록 하자. 선글라스 선택도 그만큼 중요하다. 길거리 매대에서 산 싸구려 선글라스를 쓰고 다니다간 봉변을 당할 수도 있다. 모양만 명품인 짝퉁 선글라스는 자외선 차단 기능이 전무하기 때문에 휴양지의 강렬한 태양에 안구가 손상되는 건 물론, 눈 주위를 새까맣게 태워 팬더가 될 수도 있으니 경계하자.

덤으로 알로에 젤과 오인먼트도 필히 챙기시라. 햇빛 강렬한 비치에서 놀다 보면 나도 모르는 새 열화상에 노출되기 쉬운데, 이때 알로에가 특효다. 하와이에서 겁도 없이 등허리를 다 드러내놓고 돌아다니다 1도 화상을 입었을 때 밤마다 알로에 젤로 열기 빼느라 아주 죽을 똥을 쌌다. 그리고 더운 나라치고 모기 없는 곳이 없다. 이럴 때 오인먼트가 드라마틱한 효과를 발휘한다.

안 하 면   절 대   후 회 하 는   것

여행지의 매력을 극대화하는 가장 확실한 방법은 당신을 최대한 익숙
치 않은 낯선 환경에 처하게 만드는 거다. 그렇다면 휴양지에서는 어
떻게 해야 할까? 답은 간단하다. 우리나라와 가장 대조적인 포인트이

자 휴양지의 존재의 이유가 되는 바로 그것, 천혜의 자연환경을 활용하는 방법이 있다. 쉬운 예로 해양레저가 있겠다.

지칠 때까지 수영해도 저체온증에 걸릴 리 없는 따뜻한 수온과 절대 빠져죽을 리 없는 낮은 수심, 그리고 형형색색의 열대어까지. 이 3박자를 고루 갖춘 바다를 눈앞에 두고 해양레저 한 번 하지 않는다는 건 거의 범죄에 가깝다. 몸에 물 한 방울 묻히지 않고 셀카만 들입다 찍어대는 처자들을 보면 손목 붙잡고 바닷속으로 끌고 들어가고 싶은 심정이다. 고급 레스토랑에서 제일 비싼 C 코스 메뉴를 한 상 차려놓고 기껏 애피타이저 한 접시만 덜렁 먹고 나오는 격이니 하는 소리다. 간곡하게 부탁하건대, 우리 제발 그러지 맙시다.

인증샷이나 찍는 게 여행의 목적이라고 주장한다면 뭐 할 말은 없지만, 심각한 물 공포증으로 목에 칼이 들어와도 무리라는 핑계는 대지 말자. 대부분의 해양레저는 수영 기술과는 무관하다. 실제로 스노클링이나 스킨스쿠버, 부기보드(미니 서핑보드쯤으로 생각하면 된다) 등은 수영 무식자도 무리 없이 즐길 수 있는 종목이다. 부디 쫄지 말고 도전해보시라. 새로운 경험의 크기만큼 당신의 세계도 넓어질 터이니.

패키지여행, 혼자라도 뻘쭘해지지 않는 법

우리나라 사람 가운데 열에 아홉은 그렇다. 그리고 나 또한 과거에는 그랬다. 지긋지긋한 한국형 고질병. 그 정체는 뭔가를 '혼자' 하는 것에 대한 두려움이다. 심각하게 남의 눈치를 보는 게 그 이유다. 정작 남들은 내가 뭘 하든 안중에도 없다는 사실을 알지만, 식당에서 혼자 밥을 먹으라고 하면 기겁하는 사람들이 대부분이다. 그런 탓에 혼자 패키지여행을 간다 하면 반쯤 정신 나간 사람 취급 당하기 십상이다.

그런데 생각해보자. 여행의 기회는 불현듯 찾아오는 경우도 많은데 어떻게 항상 비행기 옆좌석에 태울 친구를 구할 수 있겠는가? 절친 피디 P는 마트에 장보러 가는 것도 혼자서는 절대 못 하는 성격의 소유자다. 어느 날 갑자기 5일간의 황금휴가가 생긴 그는 3박 5일 일정의 동남아 패키지여행을 계획했다. 하지만 사방팔방으로 동행자를 수소문하다 실패하자 결국 여행을 포기해버리고 말았다.

친구 된 입장에서 쓴소리 한 번 하자면, 그저 답답할 뿐이다. 보호자가 필요해서라면 차라리 이해가 가겠지만 남들 시선이 부담스러워 여행을 놓친다는 건 도저히 용납이 안 된다. 패키지 혼자 간다고 마녀사

냥을 당하는 것도 아닌데, 내 인생에 0퍼센트의 영향력을 행사하는 남들 눈치 보느라 여행 기회를 포기한다면 너무 아깝지 않은가.

자, 지금부터 혼자 패키지여행을 갔을 때 '뻘쭘의 굴레'에서 벗어날 수 있는 방법을 모색해보도록 하자.

무조건 가이드와 친해져라

혼자 오는 여행자에게 절대적으로 필요한 동아줄은 '가이드'다. 패키지여행 특성상 하루의 절반 이상을 가이드와 함께 하게 되니, 현지 가이드와 무조건적으로 친밀해질 필요가 있다. 가이드의 주된 업무는 인솔이다. 하지만 보통 2인으로 짝지어 오는 여행자들은 자기들끼리 똘똘 뭉쳐다니느라 가이드와 그리 긴밀해지지 못한다. 그 틈새를 공략하는 거다.

여행 가이드라는 직업 특성상 매주 똑같은 동선에 똑같은 설명을 앵무새처럼 반복할테니, 인간적으로 얼마나 지겹겠는가. 깃발 하나 들고 고객을 인도하는 뒷모습을 볼 때면 왠지 모를 군중속의 고독이 느껴지기도 한다. 일상적인 대화를 시도했을 때 거부감을 표하거나 부담스러워하는 가이드는 단 한 번도 본 적이 없다. 다들 기다렸다는 듯이 이야기보따리를 푼다. 이것으로 대화할 사람 없어 꿀벙어리가 되는 문제는 해결된 셈.

또, 웃는 아이 떡 하나 더 준다고, 가이드와 친해지면 현지인 아니면 알 수가 없는 고급정보를 술술 쏟아내기 마련이다. 제아무리 가이드 북 백 권을 독파하고 온갖 블로그를 섭렵했다 하더라도, 현지 가이드 의 정보력에는 비할 바가 아니다. 이렇게 말동무를 얻음과 동시에 고 급정보 획득이라는 일석이조의 효과를 누릴 수 있다.

타인의 취향을 스캔하라

그런데 패키지여행을 하다 보면 가이드로도 해결 안 되는 문제가 발 생한다. 바로 식당에서 밥 먹을 때와 옵션으로 뭔가를 할 때다. 가이드 는 보통 식당 안내까지만 하지 식사는 함께 하지 않는 게 다반사다(매 번 똑같은 식당에서 끼니를 해결하는 게 물려서 그럴지도 모르겠다). 그래서 어 쩌다보면 내 좌석 앞뒤로 아무도 앉아 있지 않은 민망한 사태가 발생 하기도 한다. 이런 상황을 아주 끔찍하게 생각하는 사람들 많을 거다. 그리고 또 하나. 옵션으로 레저할 때도 보통 둘씩 짝을 지어서 하는 게 대부분이라 짝이 없으면 하고 싶은 걸 포기해야 하는 경우도 생긴다. 호텔방 싱글차지 지불한 것도 아까운데 파트너가 없어 하고 싶은 것 도 제대로 할 수 없다면, 불상사도 이런 불상사가 없다. 이럴 때 필요 한 게 '전략적 제휴'다.

한 마디로, 파트너가 필요한 순간에 전략적으로 뭉칠 수 있는 여행

멤버를 구하는 거다. 그러려면 여행 첫날을 공략해야 한다. 둘째 날만 돼도 늦다. 여행자의 성향을 치밀하게 스캔해 나와 통할 것 같은 멤버를 선정한 후, 자연스러운 대화로 공통분모를 찾아내기만 하면 된다. 그 다음은 일사천리다. 함께 일정을 조율하면 되는 거다. 내가 아쉬운 상황인 만큼 적극적일 필요가 있다. 이때 상대방이 이성이라면 제휴가 성사될 확률은 더 높아지므로 참고하자. 단, 타인의 성향을 되도록 정확하게 스캔해야 한다. 엉뚱한 멤버를 선정하면 여행 자체가 괴로워질 수 있으니.

Episode 10.
지극히 사적이고 편파적인
세계인 매너 지수

혈혈단신, 홀로 해외 여기저기를 떠돌다 보니 자주 듣는 단골 질문이
생겼다.

"외국어를 되게 잘하시나 봐요?"

물론 눈치채셨겠지만, 나의 외국어 구사 능력은 미천하다 못해 비
루하다(하지만 학창시절 영어공부와 담을 쌓아서가 아니라, 우리나라 사람 대다
수가 그렇듯 주입식 영어교육의 피해자임을 밝힌다).

그래도 여행하는 데 외국어 능력이 하등의 지장을 주지 않는 이유는 현지인과 속 깊은 얘기를 할 기회도 없을뿐더러, 딱히 그럴 필요도 없기 때문이다. 음식을 주문할 때나 길을 물을 때를 제외하고는 그들과 말 섞을 일이 특별히 없다는 뜻이다.

비록 상대방이 나한테 칭찬을 하는지 욕을 하는지는 알아들을 수 없어도 언어의 벽을 뛰어넘는 대화법이 있다. 바로 '매너'다. 표정이나 말투, 행동 등 모든 비언어적인 태도의 총체인 매너야말로 백 마디 말보다 더 진실된 대화가 될 수 있음을 다들 아실 거다. 이번에는 다양한 도시를 여행하며 맞닥뜨린 세계인의 매너 지수를 말하고자 한다.

하지만 내가 만난 현지인은 그 도시 인구의 0.1퍼센트에도 지나지 않을 것이니 객관적 지표가 될 수 없음은 당연하다. 아래 순위는 심각한 일반화의 오류를 품고 있으며, 지극히 사적이며 상대적이고 편파적인 지수라는 것을 감안하시라.

1위: 캄보디아

GDP 같은 경제지표로 구분했을 때 가난하기로 치면 어디 내놔도 빠지지 않는 대표주자가 캄보디아다. 참고로 올해 우리나라의 GDP순위는 11위로, 우리가 상위권에서 방귀 좀 뀌는 수준이라면 캄보디아는 100위권에도 못 끼는 상당히 가난한 나라다. 안 가본 사람은 실감

이 안 날 거다. 내가 가본 프놈펜을 예로 들어보겠다. 일단 거리에는 신호등이란 게 보이질 않을 정도로 교통체계가 부실한데다, 뭐 특별하게 나열할 것도 없이 뭐든지 부족한 것 투성이다. 결정적으로 마실 물조차 귀하다. 그래서 선교사들이 그렇게 우물을 파주러 가는 거다. 사람은 말할 것도 없고, 길바닥에 무기력하게 드러누워 있는 개나 닭들도 모조리 바싹 말랐다. 몇날 며칠을 돌아다녀 봐도 배에 기름 낀 사람을 마주친 기억이 없다. 가난의 클래스가 이 정도다.

　그런데 놀라운 사실은 캄보디아 사람만큼 친절하고 상냥한 사람들
이 없다는 거다. 어른 아이 할 것 없다. 전 국민이 천사표다. 적어도 내
가 만난 사람들은 그랬다. 카메라만 보면 사진 찍어달라고 보채던 교
복 입은 꼬마도, 나를 향해 수줍게 '원 달러'를 부탁하던 그 아이도, 웃
을 때마다 치아를 12개씩 드러내며 세상 행복한 미소를 보여줬다. 번
화가에서 만난 상점 직원도 그랬다. 한국인에 대한 호기심으로 눈망

울을 반짝이며 내가 궁금해하는 모든 것에 성심성의껏 답해줬다(서로 엇비슷한 영어실력이다 보니 오히려 대화가 잘 통했다).

물론 뭐 하나라도 팔아먹으려는 상술이 아니라는 것쯤 직감적으로 알 수 있으니, 그들의 순수함에 의심을 품었다면 거둬주시길 바란다. 누가 봐도 지갑이 열리는 것과는 무관한 친절이었다.

간혹 세계행복 지수 1위에 들도 보도 못한 낯선 나라가 랭킹되는 걸 보면서 부와 행복 사이의 묘한 상관관계를 새삼 깨닫곤 하는데, 캄보디아에 와서 제대로 실감했다. 자고로 행복한 사람만이 남에게도 친절할 수 있다. 자기 속이 썩어 나고 불만투성이인데 상대에게 말이 곱게 나갈 리 없다. 캄보디아를 떠올리며 다시 한 번 깨닫는다. 가진 게 많다고 행복한 게 아니라는 진리 말이다.

ㄴ위: 스위스

고등학교 동창과 유럽 배낭여행을 하던 중 겪은 일이다. 루체른에서 페리를 탄 우리는 인터라켄에 내려 미리 예약해둔 호스텔을 찾아가는 길이었다. 분명 지도상으로는 선착장에서 멀지 않았던 것 같은데, 막상 도착해 보니 오리무중이다. 인터라켄 한복판에서 길을 잃어버린 거다.

게다가 인구밀도가 낮은 탓인지 지나가는 행인마저 드물어 난감한

상황이었다. 길바닥에서 헤매다 해라도 지면 어쩌나 오두방정을 떨고 있던 차에 무슨 달력에나 나올 법한 인가가 눈에 들어왔다. 초인종을 누르면 알프스 소녀 하이디가 콧노래를 부르며 뛰어나올 것만 같은 전형적인 스위스 전원주택이다. 심지어 정원에는 세상 고민 없는 표정의 얼룩소가 평화롭게 풀을 뜯고 있다.

　길 잃은 것도 잠시 잊은 채 한참을 구경하던 중, 뒷마당에서 잔디에 물을 주던 주인아저씨가 다가왔다. '오 사람이다!' 어차피 말도 안 통하는 상황이라 다짜고짜 지도를 꺼내들고는 숙소 위치를 손가락으로 가리켰다. 아저씨는 와이프와 몇 마디 나누더니 숙소까지 데려다 주겠다고 한다. 그 순간, 아저씨의 뒷통수에서 후광이 번졌다.

아저씨는 친절하게도 우리에게 뒷자석을 내 주었는데, 그때 처음으로 알았다. 벤츠의 승차감이 이토록 훌륭하다는 것을. 친절한 아저씨 덕에 팔자에도 없는 우리는 모범택시(?)를 타고 무사히 도착할 수 있었다. 인사동에서 미리 사온 하회탈 열쇠고리를 선물로 드릴 수 있어서 얼마나 다행이었는지 모른다. 낯선 도시에서 길을 헤매던 두 처자에게 잊지 못할 인정을 베풀어주신 스위스 아저씨, 부디 오랫동안 행복하게 사시길 바라 마지않는다.

3위 : 뉴욕

지금부터 하위권이다. 뉴욕 사람들, 일단 불친절하다. 예전에 〈미녀들의 수다〉라는 방송에서 뉴욕 출신의 비앙카가 뉴욕 사람들이 친절하지 않은 이유를 '뉴요커들은 너무 바빠서 그렇다'라고 했는데, 내가 보기에 그렇게까지 바쁜 것 같지는 않아 보인다. 그런데도 대부분 불친절하다. 이렇게 '불친절'이라는 단어를 반복적으로 사용하는 이유는, 진심으로 불친절하기 때문이다.

공공 화장실이 거의 없다시피 한 뉴욕에서 급한 볼일이 생길 때면 스타벅스가 답이다. 뭐든 다 비싼 뉴욕에서 3.5달러 정도하는 커피는 그나마 싼 축이라 선택의 여지가 없다. 그래서 좋으나 싫으나 하루에 한 번은 꼭 들르게 됐는데, 얌체같이 화장실만 쓰고 내뺄 수 없으니 라떼 한잔이라도 시켜놓고 시간을 보내곤 했다. 그런데 얌전히 커피만 마시고 나오려 해도 꼭 누가 말을 건다. 추측하건대 "옆자리 비어 있는 거냐? 내가 좀 앉아도 되겠냐?" 이런 말일 거다. 문제는 그들의 빠른 스피킹을 제대로 알아듣지 못해 내가 허둥대면 말을 하다 말고는 그냥 무시한다는 거다. "너 영어를 잘 못하는 아이구나. 내가 말 시켜서 당황했지, 미안하다"라고는 하지 않더라도, 그런 시늉도 안한다. 매너를 엿바꿔 먹은 게 분명하다.

쇼핑할 때도 마찬가지다. 아마 뉴욕에는 친절교육이라는 게 없는 모양이다. 타임워너스 센터에 있는 '제이크루' 매장에 시계 줄을 사러 갔을 때다. 진열대에 내가 찾던 모델이 안 보여 모자란 영어로 물건을 더 보여줄 것을 요구했다. 그랬더니 혼자 실컷 뭐라고 답변하던 그 점원, 내가 못 알아듣는 걸 눈치 채고는 말을 하다 마는 거다. 불쾌함과 수치스러움에 얼굴이 후끈 달아올랐다.

마크제이콥스 로드샵에 갔을 때도 그랬다. 20달러짜리 스카프를 발견하고는 득템했다고 쾌재를 부른 나, 흥분을 감추지 못하고 점원에게 어떻게 두르면 좋을지 추천해달라고 했더니, 네 마음대로 하면 된단다. 아니 이런 호랑말코 같은 녀석을 봤나. 육두문자가 목구멍 밖으로 쏟아지려는 걸 겨우 꾹꾹 눌렀다.

돌이켜보면, 뉴욕 사람들은 영어를 잘 못하면 일단 무시 모드다. 분명하다. 뉴욕을 여행하는 동안 나에게 매너 있게 행동한 사람은 타임스스퀘어에서 탈바가지 뒤집어쓰고 사진을 찍어주던 스파이더맨이 유일했다. 물론 5달러씩 꼬박꼬박 받아갔지만.

4위: 한국

최하위다. 안타깝게도 여행 중에 만난 최악의 매너는 한국 사람들 때문에 경험했다. 언니와 여행을 마치고 런던 히드로 공항으로 가는 길이었다. 조금이라도 돈을 아껴보고자 가장 저렴한 방법인 지하철을 택해 공항으로 향하던 중 갑자기 다급한 안내방송이 흘러나왔다. 영어 무식자이지만 지하철에 뭔가 문제가 생겼음을 직감했다. 열차는 가던 길을 멈췄고, 승객들은 모두 하차해야만 했다. 지하철 테러가 의심되어 공항으로 가는 노선이 갑작스레 변경되었다는 걸 나중에 알았다. 당시 런던은 지하철 폭탄 테러가 있은 지 얼마 안 됐을 때라 사소한 의심도 허투루 넘길 수 없는 시점이었다.

이쯤 되면 당황을 넘어 패닉 상태가 된다. 지하철 사건으로 공항에 제 시간에 도착하지 못했다고 항공사에서 사정을 봐줄 리 만무하다. 우왕좌왕하며 머리를 이리저리 굴리던 그 순간, 한쪽 구석에서 구원의 목소리가 들려왔다. 분명한 '한국어'였다. 조금 먼 거리였지만 생생하게 알아들을 수 있었다. 중년의 부부와 20대로 보이는 큰 딸이 공항으로 향하고 있었던 거다.

그 순간, 어떻게든 무사히 공항으로 가야겠다는 결의에 불탄 언니는 즉각 행동했다. 나에게 짐을 지키라고 하고는 멀찍이 있던 그들에게 단숨에 달려가 공항 가는 길을 알면 같이 좀 가달라고 부탁한 거다. 그런데, 그 얄미운 딸내미, 언니의 말은 귓등으로도 듣지 않고, 이러다 비행기 놓치겠다며 부모님을 재촉했다. 반응이 상당히 부정적이다. 혹시나 했지만 역시나였다. 짐을 챙겨들고 그들이 있던 자리로 갔을 때 이미 그들은 사라지고 없었다. 동아줄이라 믿은 한국 여행객이 알고보니 썩은 노끈이란 걸 알았을 때의 그 씁쓸함이란.

그래도 죽으라는 법은 없었는지, 안절부절하던 자매를 불쌍히 여긴 외국인 신사가 구원의 손길을 내밀었다. 인도 사람으로 추정되는 키 큰 아저씨가 본인도 공항에 가는 길이니 따라오라는 거다. 얼마나 감사했는지 모른다. 같은 동포한테 배신당하고 생판 모르는 외국인에게 도움을 받게 될 줄은 상상도 못했다. 우리는 아저씨를 놓칠세라 꽁무니를 졸졸 쫓아갔고, 그 분도 우리가 혹시 뒤처지지 않을까 계속 뒤를 돌아보며 확인했다. 결국 인도 친절남 덕에 공항직통 열차가 있는 플랫폼까지 무사히 도착할 수 있었다. 이제, 이 기차에서만 내리면 바로 히드로 공항인거다.

그런데 열차에 타자마자 코미디 같은 상황이 벌어졌다. 비행기 놓치겠다며 우리를 버리고 떠난 야속한 그들이 열차의 맞은편 좌석에 앉아있는 거다. 역시나 그들은 우리 자매의 눈을 못 쳐다봤다. 그렇게 급하게 가더니 결국 같은 열차를 타게 된 거였다. 뛰어봤자 벼룩인 것을. 그냥 지나칠 리 없는 우리 언니, 일부러 가서는 한 마디를 날리고 왔다.

"여기 계셨네요?"

얼굴이 벌게진 중년의 부인이 아까는 미안했다며 괜히 딸을 나무랐다. 물론 그들의 급한 사정을 이해 못 하는 건 아니지만, 길 잃은 여행자에게 방향이라도 알려주고 갔다면 그렇게까지 서운하지는 않았을 거다. 그때의 경험이 어찌나 강렬했는지 지금까지도 두고두고 곱씹게 된다.

여행하다 보면 낯선 도시에 떨어진 내가 바보 천치같이 느껴질 때가 있다. 읽지도 말하지도 못해 답답할 때가 한두 번이 아니다. 그럴 때마다 나에게 대가 없이 도움의 손길을 내밀어주고 친절을 베풀어주는 그들이 그렇게 고마울 수 없다. 그리고 그 사적이고 편파적인 기억 때문에 그 도시의 이미지가 바뀌기도 한다. 나를 지나쳐간 그들은 상상도 못하겠지만.

결과적으로 이런 경험은 나의 태도도 바꾼다. 나의 도시에 여행 온

이들에게 최고의 매너를 베풀 것을 결심하게 한다. 최소한 길을 헤매는 여행자를 모른 체 하지는 말자고, 내가 할 수 있는 최대한의 친절을 보여주자고 말이다.

미리 대비하는
위기탈출 넘버원

여행자는 두렵다. 생면부지의 낯선 도시에서 언제든 예상치 못한 상황과 맞닥뜨릴 수 있기 때문이다. 그만큼 정신 똑바로 차려야 하는 건 맞지만, 그렇다고 무턱대고 쫄 건 없다. 여행 의욕을 떨어뜨리고 정신건강에도 해로울 수 있으니 과도한 걱정은 부디 삼가시길 바란다. 호랑이 굴에 들어가도 정신만 차리면 된다는 조상님의 지혜를 상기하며 어떤 상황에서도 담대하게 맞서도록 하자.

정신일도 하사불성. 일단, 긴장하라!

'안전제일'은 공사장에서만 필요한 게 아니다. 모험심, 도전정신 따위 진즉에 내다버린 나는 위험상황의 그림자도 밟지 않겠다는 신념으로 안전한 여행을 고집해왔지만, 몇 차례 아찔한 상황을 만났더랬다.

파리에서의 일정이 너무 길어 무료함을 느끼던 중 당일치기로 브뤼헤에 다녀왔을 때다. 파리에서 고속열차를 타고 가면 두 시간 안짝으로 떨어지지만 생각 외로 비싼 티켓 값에 이건 일찌감치 포기했다. 대신 시간이 두 배는 더 소요되지만 아직 유효기간이 살아 있는 유레일 패스로 이동하는 방법을 택했다. 내 손에 쥐어진 왕복 티켓은 무려 여덟 장! 오갈 때 기차를 네 번씩 갈아타야 한다는 뜻이다. 아슬아슬하긴 해도 미친년 널뛰듯 환승만 잘하면 불가능한 스케줄은 아니었다.

일단, 가는 건 별 탈 없이 잘 갔다. 브뤼헤에서 놀기도 잘 놀았다. 그런데 돌아오는 길에 사달이 났다. 파리로 돌아가는 기차 시간이 임박해서야 기차역에 도착했더니 간발의 차이로 기차가 떠나버린 것이다. 순간 멘탈이 붕괴되고, 위기상황을 알리는 머릿속 사이렌에 빨간 불이 들어왔다.

꼼짝없이 브뤼헤에 갇힌 거다. 당시는 스마트폰도 없던 시절이라 휴대폰으로 숙소를 예약할 수도 없었고, 그날따라 역사가 한산해 도움을 청할 사람도 보이지 않았다. 심지어 예산을 박하게 짠 탓에 수중에 가진 돈도 얼마 없었다. 곧 해도 질 텐데 파리로 무사히 되돌아갈 수 있을까? 공포감이 휘몰아쳤다.

그런데 하늘이 무너져도 솟아날 구멍은 있다고, 신기하게도 브뤼헤 행 기차 안에서 차창 밖으로 스쳐 지나갔던 '역명'들이 머릿속에 떠오른 거다. 모든 정보의 퍼즐을 맞춰 본 결과, 암스테르담 역으로 이동해서 수중에 있는 티켓 중 두 개를 이용하면 파리에 도착할 수 있다는 계산이 나왔다. 역시 인간은 위기상황에서 초인적인 능력이 발휘되는 모양이다. 순전히 감에 의존한 것이었지만, 결국 밤 아홉 시 무렵 파리 북역에 무사히 안착할 수 있었다.

벨기에 가는 길에 혼자 얼마나 긴장을 했으면 잠시 스쳐 지나간 역 이름을 다 외웠을까. 나홀로 여행자에게 가장 필요한 건 첫째도 둘째도 긴장감이다. 큰 사고를 미연에 방지할 수 있을뿐더러, 위기상황과 당면했을 때 해결 못 할 게 없다. 모든 문제는 방심했을 때 터지므로.

긴급상황! 영사콜 활용하기

그런데 눈에 불을 켜고 사주경계를 해도 위급상황과 마주할 때가 있다. 아주 재수 옴 붙은 경우다. 하지만 그럴 때도 신세한탄 하거나 당황하지 마시라. 통화 버튼만 꾹 누르면 동아줄 역할을 해주는 만능키가 있으니 말이다. 해외에서 공항에 도착하면 처음으로 뜨는 그 번호,

바로 외교부 영사콜이다.

외교부 영사콜을 통하면 해외여행 중 발생하는 어지간한 문제에 대해 상담이 가능하다. 게다가 24시간 연중무휴로 운영된다고 하니 고마울 따름이다. 대부분 도난이나 분실사고가 났을 때 이용하지만 소매치기를 당해 급하게 현금을 융통해야 할 때나 긴급하게 통역이 필요할 때도 유용하게 활용할 수 있다.

먼저, '신속해외송금지원제도'는 미화 3천 달러 내에서 지원받는 것으로, 지인이 외교부 계좌로 돈을 입금하면 현지화로 전달해주는 아주 기특한 제도다. 또 작년부터 시행된 '해외긴급상황 통역 서비스'는 경찰, 세관, 출입국 심사관, 의사, 소방관과의 대화에서 도움을 준다고 하니 필요시 요긴하게 이용할 수 있다. 물론 영사콜에 전화할 일은 절대 없어야겠지만 말이다.

....

★ TIP 정리 ★

외교부 영사콜 꼭 기억하기!

1. 모바일 주소: m.0404.go.kr
2. 어플 '해외안전여행'을 깔아두면 편리하게 서비스를 이용할 수 있다.

그런데 유럽 여행을 계획하는 분이라면 각별히 더 조심해야 할 대상이 있다. 경계 대상 1호, 바로 집시다. 그들을 직접 대면하기 전만 해도 집시하면 몽환적이고 예술가적인 이미지가 떠올랐다. 뮤지컬 〈노트르담 드 파리〉에 등장하는 에스메랄다처럼, 루소의 작품 '잠자는 집시'에 등장하는 그녀처럼 말이다. 하지만, 그들을 직접 겪고 난 후 집시에 대한 환상은 무참히 깨졌다. 예술가인 줄 알았던 그들은 한낱 좀도둑에 불과했다.

집시의 주요 출몰 지역은 단연 파리다. 어느 날 에펠탑 앞에서 아주 황당한 일을 겪었다. 잠시 스카프를 펜스에 얹어놓고 사진을 찍고 있었는데 집시 하나가 마치 원래부터 자신의 것인 양 자연스럽게 자신의 목에 두르는 게 아닌가. 잽싸게 빼앗아 항의했더니 별일도 아닌 걸로 흥분하냐는 듯 나를 쳐다보고 제 갈길 가는 그녀의 뻔뻔함이란. 눈 뜨고 코 베인다는 게 이런 건가 싶었다.

벌건 대낮에 그들에게 속수무책으로 당한 사람, 한 둘이 아닐 거다. 한 예능 프로그램에서 버젓이 카메라가 돌고 있는 상황에서도 출연진의 휴대전화를 꿀꺽하려던 집시의 대담함을 기억하시는가. 심지어 집시는 두세 명이 조직적으로 활동하기도 하니, 행색이 남루한 그들이 접근한다 싶으면 일단 자리를 피하자. 당신의 휴대전화나 카메라가

표적일지 모른다.

마지막으로 몇 가지 더 덧붙이겠다. 물품을 도난당하는 불상사가 발생했다면 즉각 경찰서를 찾아 분실 신고서를 작성해야 한다. 휴대폰의 기종과 분실 시간, 날짜, 장소 등을 적는 경위서를 작성한 후 경찰서의 확인 도장을 받아오면 보험사의 심사를 거쳐 보상을 받을 수 있다. 이런 사태에 대비해 여행자 보험에 필히 가입하고 서류에 필요한 간단한 표현법 등은 미리 숙지하는 게 좋다.

그런데 사실 여행 중 도난 사건이 발생했을 때 신고보다 중요한 건 최대한 신속하게 그 상황을 잊는 거다. 괜히 피해 상황 곱씹으며 분통 터뜨려봤자 본인만 손해다. 시간은 계속 흐르고 있으니, 괜히 잡친 기분 상기하며 여행을 망치지는 말자. 나도 공항 리무진에서 휴대폰을 잃어버리고는 이틀을 역정 내는 데 허비한 적이 있는데, 지금까지도 후회스럽다. 이미 엎질러진 상황이라면 상대를 원망하지 말고 에너지를 여행에 더 집중하도록 하자. 결과적으로 보면 그게 이득이다.

Level 4:
여행에서 돌아온 후의 기술

일상으로
곱게
컴백하기

여행의 모든 순간을 통틀어 가장 비극적인 순간은 언제일까. 바로 비행기 창밖으로 인천공항이 내려다보일 때다. 여행 끝, 일상 시작을 알리는 순간이다. 불행 끝, 행복 시작이어야 하는데 철저하게 정반대의 상황이다. 공항에 도착하는 순간부터 없던 불안장애가 도지는가 하면 짙은 한숨이 폐부 깊숙한 곳에서 뿜어져 나오기도 한다. 출발할 땐 인천공항 뒤꽁무니만 봐도 가슴이 두근거려 심박수가 올라가더니, 돌아올 땐 철천지원수가 따로 없다. 사람 마음이 이렇게 간사할 수가!

여행에서 현실로 무사히 돌아오려면 자기와의 고독한 싸움이 필요하다. 연인과 헤어지고 한동안 잊지 못해 폐인 생활을 반복하다가도 '내가 언제 사귀기라도 했었나' 하는 순간이 오기 마련이다. 감정이 무뎌질 때쯤 자연스럽게 일상으로 돌아올 수 있듯, 여행도 마찬가지의 과정이 필요하다는 얘기다.

초보 여행자 시절, 나는 시차가 여덟 시간이나 나는 유럽에 다녀온 뒤 한동안 밤낮이 뒤바뀐 올빼미 생활에서 벗어나질 못했다. 여행의 여운을 조금이라도 더 연장시켜보겠다는 절박한 의지였다. 하지만 평범한 직장인이라면 절대 지향할 만한 방법이 아니다. 여행의 여운이고 나발이고 회사에서 졸다가 자칫 잘리는 수가 있다.

아쉽게도 인간의 기억력은 유한하다. 여행의 기억을 영원토록 간직하고 싶지만 불가능에 가깝다는 현실이 한스러울 따름이다. 하지만 저명한 뇌과학자 박문호 교수님의 말씀대로 과거의 기억 중 각인된 무언가를 활성화하면 당시의 기억은 쉽게 복구될 수 있다는 사실, 꼭 기억하자! 우연히 책상 서랍에서 추억의 물건을 찾아냈다가 불현듯 과거의 기억이 소환된 경험이 다들 있지 않은가. 지금부터 여행의 여운을 최대한 오래 유지할 수 있는 노하우를 알아보도록 하자.

너와 나의 연결고리

우선 여행지와 나의 기억을 연결할 연결고리가 필요한데, 이것이 그

역할을 제대로 수행하려면 몇 가지 조건이 필요하다. 단박에 그 도시를 떠올릴 수 있도록 상징성이 있는 것, 공간을 많이 차지하지 않아 망설임 없이 가져올 수 있는 것, 또 이왕이면 가격 부담도 없는 것이면 좋겠다.

작가 L의 언니는 베니스 여행 중 화려한 가면에 매료되어 10만 원도 넘는 거금을 들여 사왔다고 한다. 행여 상처라도 날까 신주단지 모시듯 조심스럽게 모셔왔지만, 모두의 예상처럼 집안의 애물단지로 전락하고 말았다. 카니발에서나 쓰는 베니스 가면이라니? 웬만한 인테리어와는 좀처럼 융합되기 힘들다. 결국 쓸데없이 이런 걸 왜 돈 주고 샀냐는 힐난과 함께 어머니의 등짝 스매싱도 면치 못했다고 한다.

그렇다면 위의 조건을 모두 충족하는 게 뭐가 있을까. 마그네틱, 스노우볼, 엽서 등이 적합하다 하겠다. 마그네틱이나 스노우볼은 주로 도시의 랜드마크가 될 만한 것들로 디자인되어 있어 선명한 인상을 남길 수 있다. 또 가격대도 저렴해 돌아가는 길에 면세점에서 동전 처리하기도 좋으니 일석이조다. 부피가 작아 캐리어 한쪽 모서리 공간에 넣어서 가져오기도 쉽다.

그리고 엽서. 해외에서도 공짜 영상통화가 되는 마당에 언제적 발상이냐 하겠지만, 말을 끝까지 들어주길 바란다. 엽서의 수신처는 바로 당신의 집주소다. 즉, 내가 나에게 보내는 엽서다.

이 지점에서 발가락이 오그라들었는가? 부끄럽다 생각 말고 일단

한 번 해보자. 엽서의 배경은 현지의 랜드마크가 대부분인데다가 심지어 최고 사양의 카메라로 최고의 실력자들이 촬영한 작품이다. 도시를 기념하기에 이보다 더 좋을 수 없다. 여행 중 오래 기억하고 싶을 순간이 찾아왔을 때, 나에게 엽서 한 통을 써보자. 기억의 유효기간을 한층 더 연장시켜줄 것이다(단, 단기 여행시에는 엽서보다 내가 먼저 집에 도착하는 민망한 상황이 올 수 있음을 기억하자).

아날로그식 포토앨범 만들기

주변에 여행 가는 친구들이 카메라 챙기는 걸 보면 아주 가관이다. 거의 해외 방송촬영을 방불케 한다. 휴대폰 카메라에 DSLR, 셀카봉에 심지어 고프로까지 풀세트다. 카메라 감독들 나셨다. 여기에 헬리캠만 하나 추가하면 〈꽃보다 할배〉도 찍을 판이다.

문제는 그 다음부터다. 죽어라 장비 챙겨서 신명나게 찍어와 놓고는 그대로 방치하기 십상이다. 디지털의 폐해다. 어차피 마음만 먹으면 언제든지 꺼내 볼 수 있으니, 특별히 정리할 필요를 못 느끼는 거다. 그런데 이렇게 쌓이고 쌓인 사진들, SNS에 올려 실컷 자랑 한판하고는 그걸로 소명이 끝나는 경우가 아주 많다. 결국 빛 한 번 보지 못하고 사장된 사진이 부지기수라는 얘기다.

조금은 번거롭더라도, 아날로그식으로 인화해서 앨범을 만들어보는 건 어떨까? 요즘은 인화도 쉽고 저렴하다. 클릭 몇 번이면 예쁘게 인화해서 집까지 배송도 해준다. 하드디스크에 묵혀 두지만 말고, 기억하고 싶은 순간을 선별해 포토앨범을 만들어보도록 하자. 언제든 손쉽게 꺼내 볼 수 있어 옛 추억을 떠올리는 데 특효다.

영수증으로 여행일지 정리하기

아날로그 사진만큼 확실한 기억 소환법이 하나 더 있다. 문자로 기록

을 남기는 방법이다. 사진이 주는 정보는 직관적이고 감상적이지만, 당시 상황이 고스란히 적힌 글은 이미 망각의 늪에 빠져 있는 세세한 기억까지 쉽게 끄집어내준다.

글재주가 없어 뭔가를 기록하는 건 딱 질색이라면, 이런 방법도 있다. 단순하게 가계부를 적는 거다. 지출내역에 영수증만 붙여놔도 훌륭한 여행일지가 된다. 그날의 일과를 이보다 더 일목요연하게 정리하는 방법은 없다. 보기에는 다소 귀찮은 작업인 듯 보여도 막상 해놓고 나면 꽤 뿌듯하다. 10년 뒤에 꺼내 봐도 그 기능은 유효하다. 여행의 여운을 오래오래 유지하고 싶다면 한 번 실천해보는 게 어떨까. 당신의 추억은 소중하니까.

나만의
여행 버킷리스트를
작성하라

놀라운 이야기를 하나 하겠다. 내가 진실로 소망한 대부분의 것들은 믿기 힘들겠지만 모두 현실이 되었다. 학창시절의 유일한 장래희망이던 방송작가는 직업이 되었고, 동경하던 모든 방송사에서 프로그램을 해봤으며, 다음 생에나 갈 수 있을까 갈망해 마지않던 도시들은 이미 모조리 섭렵했다. 이쯤 되면 온 우주가 나를 밀어주고 있음이 확실하다. 그렇다면 나는 지독하게 운발이 좋은 여자인 걸까?

사실 이 모든 결과의 배경에는 '버킷리스트'가 있다. 간절히 바라는 무언가를 머릿속에서만 막연히 떠올리는 것보다 입 밖으로 뱉는 순간 이루어질 확률이 더 높아진다. 그런데 손으로 꾹꾹 눌러서 글로 남긴다면, 그 효력은 배가 된다. 글이 갖는 힘이 그렇게나 크다. 내가 산 증인이다.

그만큼 여행자에게는 버킷리스트가 중요하다. 여행에 대한 로망을 글로 썼을 때 현실에서 실천할 가능성이 높아지므로. 버킷리스트는 떠나기 전에 쓰는 거 아니냐는 의문을 품는 분이 계시겠지만, 나의 생각은 정반대다.

고기도 먹어본 놈이 맛을 잘 알듯이, 여행도 몇 차례 경험해봐야 본인 취향도 정확히 알고 어딜 가서 뭘 해야 행복한지도 알게 된다. 그래야만 뜬구름 잡기식이 아닌 현실적인 버킷리스트가 만들어지는 거다. 단, 명심해야 할 주의 사항이 있다. 무성의하게 가고 싶은 도시의 이름만 써넣지 말고 최대한 구체적으로 작성해야 한다. 와이키키 해변에서 서핑보드 타보기, 에펠탑 전망대에서 파리 시내 감상하며 와인 마시기, 터키 카파도키아에 가서 새벽에 벌룬 타고 일출 사진 찍기 등 평소 여행지에서 이루고 싶던 로망들을 구체화해보자. 상상만으로도 황홀감이 밀려든다. 확실한 목표는 현실 가능성을 배가시켜줄 것이다.

버킷리스트를 완성했다면 당신의 다음 여행은 이미 절반쯤 시작된 셈이다. 현실에 충실하다가 떠날 기회만 엿보면 된다. 그러다 적당한 타이밍이 왔을 때 버킷리스트의 한 줄을 지워나가면 된다. 하나씩 달성해 나갈 때마다 당신의 인생은 한결 충만해질 것이다.

인간과 동물을 구분 짓는 결정적인 차이는 아마도 '희망을 품을 수 있다는 것' 아닐까? 지금 사는 꼴이 아무리 구질구질해도, 꿈이 있으면 버틸 수 있다. 우리같이 역마살 DNA가 있는 사람들에게는 여행 버킷리스트가 최고의 희망이자 동기부여다. 이게 바로 여행을 다녀온 뒤 반드시 해야 할 과제가 '버킷리스트 작성'인 이유다.

다시 다잡는,
여행자의
마음의 자세

하나. 여행자는 다소 이기적일 필요가 있다.

사실 떠나길 결심하기까지 참 많은 고민을 하게 된다. 한 푼이라도 더 벌어야 할 마당에 괜한 사치를 부리나 싶기도 하고, 정당하게 휴가를 쓰더라도 남겨진 사람들이 내 일을 떠맡는 게 미안하기도 하고, 또 부모님께 용돈 한 번 제대로 못 드리는 주제에 혼자만 호사를 누리는 게 아닌가 싶어 죄스럽기도 하다. 그런데 이런 저런 사정 다 따져가며 내적갈등에 시달리다 보면 죽도 밥도 안 된다. 여행자는 때로 이기적일 필요가 있다. 내가 여행을 떠나지 않는다고 주변 사람들이 더 행복해지는 것도 아니니, 과감한 결단에 익숙해지도록 하자. 남이 내 인생 살아주는 거, 절대 아니다.

둘. 언제든 떠날 수 있는 정서적 유연성을 갖자.

마음의 준비는 죽음을 눈앞에 뒀을 때만 하는 게 아니다. 떠날 수 있는 여건, 즉 시간과 돈이 허락하는 상황이 오면 곧장 인천공항으로 출격할 수 있도록 유연한 사고를 가질 필요가 있다. 주변을 보면 답답한 사람 천지다. 분명 떠날 수 있는 조건인데도 갈까 말까로 허송세월하다 결국 여행 기회를 놓쳐버리는 안타까운 친구들 말이다. 사실 여행의 8할은 떠날 '의지'라 해도 과언이 아니다. 이성을 사귈 마음의 준비가 안 되어 있는데 백날 소개팅 해봐야 아무 소득 없는 것과 같은 이치다. 섣불리 행동만 앞섰다가 일을 그르치는 경우 많이들 보지 않았는가. 평소 동경하는 여행지를 염두에 두고 상상의 나래를 펼치는 작업이 필요하다. 권태에 빠진 현대인의 정신건강에도 다소 도움이 되지 않을까 사료되는 바다.

셋. 항상 이 여행이 처음이자 마지막일지 모른다는 필사의 각오로 임하자.

평범한 직장인 입장에서 여행 기회는 날이면 날마다 오는 게 아니다. 그러니 최대한 후회 없는 선택이 되도록 현명하게 행동할 필요가 있다. 할까 말까 고민되는 건 무조건 하되, 돈이 아까워 놓치는 일은 없도록 하자. 우리는 머무는 기간이 지극히 한정되어 있는 한낱 여행자에 불과하다. 인천행 비행기를 타는 순간 그 어떤 것도 되돌릴 수 없다. 100일간 유럽 배낭여행을 한 후배 작가는 유럽의 매력에 매료되어 해마다 꼭 한 번씩 가리라 마음먹었지만, 8년이 지난 지금까지도 발만 동동 구르고 있다. 당시에 몇 푼 아끼겠다고 햄버거로 끼니를 때우고 일정에 쫓겨 미술관도 포기한 걸 여태껏 후회하며 말이다.

넷. 타인의 여행을 감히 평가하거나 폄훼하지 말자.

자타공인 여행 고수로 통하는 이들이 있다. 무일푼에 무계획으로 무작정 떠난다거나 1년씩 장기간 세계를 떠돈다거나 하는, 다시말해 내공 100단의 여행자 말이다. 누가 봐도 폼나는 건 확실하지만, 꼭 이렇게 방랑자처럼 산전수전 다 겪은 것만이 진정한 여행은 아니다. 주변에 아시아 대륙을 근 1년에 걸쳐 횡단한, 소위 여행의 달인인 작가가 있다. 대단한 여행자인 것만큼은 인정하는 바지만, 그녀는 단기 여행자를 보면 한수 아래로 깔고 보는 경향이 있었다. 한 선배가 4박 5일 동안 북해도를 '여행'하고 왔다고 하자 그런 것도 '여행'이냐며 콧방귀를 뀌었다. 그녀에게 여행은 심오한 철학적 깨달음을 동반한 신성한 행위인 모양이다. 아주 오만방자한 생각이 아닐 수 없다. 사람마다 각자의 개성과 매력이 있듯이 여행도 그러하다. 도시를 좋아하는 사람이 있는가 하면 문명과 거리가 먼 오지를 좋아하는 사람도 있고, 호흡이 긴 장기 여행자가 있는가 하면 빠르게 일상으로 복귀하고 싶은 여행자도 있는 법이다. 절대 나의 여행이 우월하다는 자만에 빠지지 말자. 남들이 볼 때 상당히 '같잖아'질 수 있음을 명심하자.

다섯. 여행으로 얻은 희열을 널리 전파하여 온 인류의 행복에 이바지한다.

자고로 감기와 사랑은 감출 수 없다 했다. 특히 좋아하는 마음은 아무리 숨기려 해도 티가 나기 마련이다. 여행도 마찬가지다. 여행 갔다 온 사람은 한눈에 티가 난다. 긍정적인 기운과 행복감으로 충만한 덕분이다. 기쁨은 나누면 두 배가 된다. 그러니 여행으로 얻은 기쁨도 되도록 널리 전도할 필요가 있다. 멀리 갈 것도 없다. 내 가족부터 챙기자. 나는 여행의 즐거움에 눈 뜬 뒤로 해마다 부모님께 여행 선물을 하고 있다. '아들 가진 부모 자가용 타고 딸 가진 부모 비행기 탄다'는 옛말을 몸소 실천하고 있는 셈이다. 자식이 힘들게 번 돈으로 절대 여행 따위 갈 수 없다며 손사래 치던 부모님이 요즘은 특별한 날이 되면 은근 기대하는 눈치다. 온 인류까지는 미치지 못해도, 최소한 우리 가족의 행복 증진에는 이바지하고 있는 중이다.

언제든
떠날 준비는
되어있다

내 작은 방 안에는 손바닥만 한 창(窓)이 하나 있다.

창밖으로 내다보이는 쪽빛 하늘과 구름,

가끔 그 속을 유영하는 비행기에 시선이 멈춘다.

비록 멸치가 연상되는 작은 크기이지만

내 마음을 송두리째 뺏어버린다.

그럴 때면,

비행기가 시야에서 사라질 때까지

나는 부동자세가 된다.

'저 비행기는 어디로 날아가고 있는 걸까?

뉴욕? 아니면 하와이?

혹 파리로 가는 비행기일지도 몰라.'

머릿속에서는 이미 낯선 도시로 향하고 있다.

이 비행기는 나를 어디로 데려다주는 걸까?

이런 상상은 언제나 해도 즐겁다.

멍하니 창밖을 내다보던 나는

이제는 입버릇이 되어버린 '그 말'을 나지막이 내뱉는다.

"언제든 떠날 준비는 되어 있다."

P.S. 이 글을 쓰고 난 며칠 후, 나는 라스베가스행 항공권의 결제 버튼을 눌렀다.

이제 D-DAY를 손꼽아 기다리며 하루하루를 행복으로 충전해나갈 예정이다.

부록:
여행러버 방송쟁이들이
알려주는
얕은 여행 꿀팁

#1. 석유진 PD
KBS 〈슈퍼맨이 돌아왔다〉
Mnet 〈Show me the money 2〉

Q. 내가 가본 곳 중 최고의 여행지는?
플로리다.

Q. '이것만은 꼭 해보라'고 추천하고 싶은 게 있다면?
올랜도 디즈니 월드 가보기.

디즈니 테마파크 중에서 규모가 제일 큰 올랜도 디즈니 월드는 꼭
한 번 가봐야 한다고 생각한다. 디즈니 월드 내에는 4가지 버전의 테
마파크(앳콧, 매직킹덤, 할리우드, 애니멀)가 있어 며칠을 잡고 가야 할지
고민하는 사람이 많은데, 5일 잡아서 4일은 디즈니, 1일은 유니버셜스
튜디오를 가도 시간이 아깝지 않다. 테마파크마다 등장하는 캐릭터가
다르고 쇼도 다르다. 이걸 모르고 디즈니월드를 3일만 예약하고 갔다
가 후회하며 돌아오는 비행기를 탄 적이 있다.

Q. 나만 아는 사소한 '깨알 팁'을 공개한다면?
여행 일정 조절이 가능하다면 할로윈 기간을 걸쳐 가는 걸 추천한다

(할로윈 1~2주 전부터 홈페이지 내 일정 확인). 할로윈 파티 입장료를 따로 내야 하긴 하지만(할로윈 티켓이 없으면 저녁시간에는 파크 내에 있을 수 없다), 모든 입장객이 할로윈 복장을 하고 쏟아져 나온다. 일상복을 입은 사람은 거의 찾아 볼 수 없다. 마녀들이 나와 사탕을 나눠주고, 퍼레이드에서는 평소엔 나오지 않던 디즈니 악당들을 볼 수 있다.

숙소는 디즈니 월드 내에 있는 디즈니 리조트를 추천한다.

디즈니 월드는 넓어서 차가 없으면 이동이 힘들다. 게스트 하우스에서도 셔틀을 운행 하지만 셔틀비도 비싸고 게스트 하우스 숙박료도 비싸다. 올랜도 디즈니 리조트는 비성수기 땐 2인실 기준 10만 원 안쪽으로 예약가능하고(디즈니 홈페이지 내 예약), 디즈니 내 무료 셔틀과 공항에서 호텔까지 가는 셔틀버스도 무료제공된다.

#2. 김미현 PD
KBS 〈나를 돌아봐〉

Q. 내가 가본 곳 중 최고의 여행지는?

체코 프라하와 체스키크룸로프.

대학교 4학년 졸업을 앞두고 무작정 떠난 일주일의 배낭여행. 크리스마스 시즌(외국에선 12월 내내 축제기간인 곳이 많더라)에 가게 되어 더 기억이 남는 첫 자유여행이다.

Q. '이것만은 꼭 해보라'고 추천하고 싶은 게 있다면?

12월의 체코는 크리스마스 축제 기간!

꼭 어딜 정해놓고 관광을 하기보다는 광장에서 펼쳐지는 공연이나 플리마켓, 길거리 음식만으로도 재미있고 풍족한 하루를 보낼 수 있다는 점이 좋다.

Q. 나만 아는 사소한 '깨알 팁'을 공개한다면?

체코는 유럽이지만 '코루나'라는 화폐 단위를 사용해 달러가 충분해도 무용지물일 때가 많다(사절환전소를 이용하기보다는 공항에서 코루나로 환전하는 게 이득이다).

크리스마스의 낭만을 즐기는 것도 좋지만, 유럽은 겨울에 가면 혹독한 추위를 경험하게 되니 단단히 준비를 하고 가거나 아예 다른 계절에 여행하는 것을 추천!

#3. 이혜인 PD
XTM 〈탑기어〉, SBS 〈아빠를 부탁해〉

Q. 내가 가본 곳 중 최고의 여행지는?

몽골, 중국 쓰촨성, 필리핀, 대만, 일본 중 대만! 지하철[MRT]이 매우 잘 되어 있어서 어느 곳이든 MRT를 이용해 길을 잃지 않고 쉽게 여행할 수 있었다.

그리고 길을 묻거나 식당에 들어갔을 때 대만 사람의 친절함이 대단해서 모두 서비스업에 종사한다고 착각할 정도였다(여행지를 물어보았을 뿐인데 자기가 탄 지하철에서 내려서 답을 알려준 후 영웅처럼 다시 도착한 지하철을 타고 홀연히 떠나갔다. 이것 말고도 친절한 사례는 이 글에 다 담지 못할 정도로 매우 많다).

Q. '이것만은 꼭 해보라'고 추천하고 싶은 게 있다면?

대만의 유명 관광명소 '주이펀' 가기. 지브리의 〈센과 치히로의 행방불명〉 애니메이션 중 치히로의 부모님이 돼지가 되어 음식을 허겁지겁 먹던 그 조명 언덕의 모티브가 이곳이다.

이곳에 가면 땅콩 아이스크림을 꼭 먹어야 하고(왜냐하면 맛있으니까) 등이 달린 시장 골목을 주욱 올라가다보면 볼거리와 먹을거리에 눈이 돌아간다. 저녁이 되면 등들이 촤르륵 켜지면서 정말 멋진 풍경이 펼쳐진다(주의: 너무 놀랍다고 입을 계속 벌리지 말 것. 산모기가 많아 입 안으로 들어간다). 그 풍경을 감상하며 내려오다 보면 바로 버스정류장이 있어 버스를 타고 숙소로 돌아가면 된다. 주이펀은 해발고도가 매우 높은 곳에 있기 때문에 가는 시간, 둘러보는 시간, 먹는 시간, 저녁의 야경 타임, 등 올리기 행사 등을 고려해 하루를 모두 주이펀에 투자하는 것이 좋다.

Q. 나만 아는 사소한 깨알 팁을 공개한다면?

대만에 간다면 부엉이족이 되어보는 것도 좋다. 저가 여행을 하고 싶거나 먹방여행을 하고 싶은 분들은 밤에 야시장 투어를 즐기는 것도 괜찮다. 대만에는 야시장이 매우 많다. 그중 내가 꼽는 곳은 스린야시장이지만, 모두 경험해볼 필요도 있다. 음식, 옷, 기념품, 기계 등이 모두 저렴해 시간 가는 줄 모르고 불타는 밤을 보낼 수 있다. 늦게까지 놀고 숙소에 들어가 아점시간에 일어나 맛집과 관광명소를 둘러보면 된다. 물론 또 밤에는 야시장!

#4. 최윤미 작가
스토리은 〈이승연과 100인의 여자〉

Q. 내가 가본 곳 중 최고의 여행지는?

고르기 진짜 어렵지만, 보라카이.

2014년과 2015년을 합쳐 총 세 번 다녀왔다. 저렴한 가격에 갈 수 있고, 바다가 정말 아름답고 평온하고 수영하기 좋으며, 일상에 지쳐 '쉬고싶다'라는 생각이 든다면 휴식이라는 단어와 정말 어울리는 평화의 섬. 필리핀이지만 유럽 같은 편안함을 느낄 수 있는 곳. 안전해서 혼자 자유여행으로 가도 안성맞춤이다.

Q. '이것만은 꼭 해보라'고 추천하고 싶은 게 있다면?

밤이 되면 해변에 있는 모든 카페가 야외에 의자와 테이블을 놓고 'bar'로 변신한다. 전 세계인이 해변에 나와 낭만을 즐긴다. 싸이의 강남스타일이 나오면 모두 어울려 춤을 추기도 한다.

해변에 있는 카페(개인적으로 '아리아' 추천)에서 천 원도 안하는 맥주를 시켜놓고 밤바다의 정취와 음악에 취해 휴가다운 휴가를 만끽할 수 있다. 보라카이에 간다면 하루 정도는 밤을 잊고 밤바다 카페에서 낭만을 즐겨보길 강추!

Q. 나만 아는 사소한 '깨알 팁'을 공개한다면?

디몰 근처에 있는 숙소를 잡아라. 작은 섬이다 보니 갈 만한 곳이 뻔해 웬만한 곳은 걸어서 이동이 가능하다. 그 모든 접근성이 좋은 곳이 바로 디몰 근처의 숙소다. 산속 숙소는 시내 접근성이 좋지 않고, 교통편도 여의치 않아 밤바다의 낭만을 즐기기 어렵다.

#5.김민주 작가
SBS 〈청룡영화상〉, 채널 A 〈아내가 뿔났다〉

Q. 내가 가본 곳 중 최고의 여행지는?

베트남 호이안. 혼자 쉬러 갔다가 완전 반한 곳! 자유여행하기 안성맞춤인 곳이다. 볼거리, 맛집, 야경 등 어느 하나 빠지지 않았다. 특히 호이안의 야경은 여행 다녀와서 눈을 감아도 계속 생각난다.

Q. '이것만은 꼭 해보라'고 추천하고 싶은 게 있다면?

유명한 모닝글로리 레스토랑에서 '화이트 로즈'와 '까오러우' 국수는 꼭 먹어볼 것!

또 실크로 유명한 호이안에서는 본인이 원하는 디자인으로 맞춤 옷을 제작할 수 있다.

Q. 나만 아는 사소한 '깨알 팁'을 공개한다면?

베트남 우기가 시작되기 전인 4월에 가면 습하지 않고 선선하다.

16세기 중반에는 중국, 일본, 유럽의 상인들이 모여드는 동남아의 중심 항구도시였던 호이안은 볼거리가 참 많은 곳이니 '구시가지' 관광은 꼭 해볼 것(입장료는 120,000VND = 한화 6000원)!

오토바이가 많으니 마스크를 꼭 챙겨 가면 좋을 것 같다.

#6. 김태균 카메라 감독
KBS 다큐멘터리 〈습관〉, 〈불후의 명곡〉, 〈유희열의 스케치북〉

Q. 내가 가본 곳 중 최고의 여행지는?

몽골의 테를지. 키워드는 '하늘'이다. 가을에 여행한 곳이었는데 높디높은 우리나라의 가을 하늘보다 더 높고 푸르렀다. 끝없는 초원의 대지와 푸른 하늘의 콘트라스트, 거기에 고원지대 특유의 속 시원한 공기!

Q. '이것만은 꼭 해보라'고 추천하고 싶은 게 있다면?

현대식 건물 말고 몽골식 텐트인 '게르'에서 꼭 하룻밤 지내보시길. 게르는 잊지 못할 '밤하늘'을 선물한다. 눈앞에서 쏟아지는 수많은 별들과 은하수. 그것만으로 눈물이 나는 신비한 체험을 할 수 있다.

Q. 나만 아는 사소한 '깨알 팁'을 공개한다면?

몽골의 성수기는 7~8월이다. 휴가철이기도 하고, 우리나라의 여름보다 훨씬 기온이 낮아 쾌적함을 느낄 수 있어서기도 하다. 다만 너무 많은 관광객이 문제인데, 한적함을 느끼고 싶다면 5~6월이나 9~10월을 추천한다. 다른 달은 영하의 날씨다.

#7. 허혜진 PD

SBS 〈아빠를 부탁해〉, MBC 〈위대한 유산〉

Q. 내가 가본 곳 중 최고의 여행지는?

태국 푸켓. 깨끗한 환경과 자유로운 분위기, 적은 예산으로도 여행할 수 있었다. 무엇보다 안전하고, 깨끗하고, 한국인 관광객과 마주치는 일이 드물었다.

빠통거리의 펍에서 음악을 들으며 저렴한 칵테일을 마음껏 즐기기.

야시장에서 망고스틴과 꼬마 파인애플은 꼭 먹어보길. 밀반입하고 싶을 정도로 맛있다. 길거리 음식을 먹을 때는 해산물은 배제하고 초코바나나 크레페 같은 다양한 길거리 음식을 맛보기 바란다.

기본적으로 물가가 싸기 때문에 푸켓에서 할인받거나 하면 약간 양아치가 되지만, 네일아트나 마사지는 패키지에서 권하는 곳 말고 자유롭게 빠통거리나 그 주변을 돌아다니다 들어가면 한국의 20~30퍼센트 가격으로 즐길 수 있다.

택시가 비싸기 때문에 가능한 한 호텔 버스나 툭툭이를 이용하면 좋은데, 툭툭이는 흥정을 잘하지 않으면 무조건 바가지 쓴다.

이 책을 선택하신 분에게 추천하는
처음북스의 건강 · 취미 시리즈

요가 치료

지은이 **타라 스타일즈** | 옮긴이 **이현숙**

우리에게 흔히 나타나는 50가지 질환을 이겨내거 아픔 없이 살게 해주는 요가 치료법.

P53, 암의 비밀을 풀어낸 유전자

지은이 **수 암스트롱** | 옮긴이 **조미라**

오랜 기간의 연구 끝에 암을 일으키는 원인 유전자(혹은 치료 유전자)라고 밝혀진 p53. 이 유전자를 발견함과 동시에 인간은 암과의 전쟁에서 승기를 잡았다.

인간은 왜 세균과 공존해야 하는가

지은이 **마틴 블레이저** | 옮긴이 **서자영**

단 한 번의 항생제 사용으로도 우리 몸 속에서 우리를 도와주던 미생물계는 큰 타격을 입는다. 우리는 우리 몸 속에 사는 세균과도 공존해야 하는 운명인 것이다.

통증에 대한 거의 모든 것

지은이 **해더 틱** | 옮긴이 **이현숙**

음식, 운동, 습관 변화, 약물, 치료로 통증 관리하기.
전인적 치료법으로 통증은 관리될 수 있다.

두뇌 혁명 30일

지은이 **리차드 카모나** | 옮긴이 **이선경**

미국 최고의 웰빙리조트 '캐년 랜치'에서 사용하는 뇌 개선 프로젝트.
두뇌도 몸의 한 기관이다. 몸의 건강을 지키듯이 두뇌 건강도 개선할 수 있다.

당뇨에 대한 거의 모든 것

지은이 게리 눌 | 옮긴이 김재경

당뇨의 원인과 예방 그리고 대증요법까지 당뇨에 대해 궁금했던 모든 것을 이 책한 권으로 해결할 수 있다.

축구 자본주의

지은이 스테판 지만스키 | 옮긴이 이창섭

꼴등은 절대 일등을 이길 수 없는 잔인한 축구의 경제.
스포츠가 실력의 세계라는 순수한 생각은 잠시 잊어라.

빅 데이터 베이스볼

지은이 트래비스 소칙 | 옮긴이 이창섭

20년간 승률이 5할도 안 되던 팀이 어떻게 전체 메이저리그 승률 2위 팀이 되었을까? 메이저리그에서 빅데이터의 신화를 쓴 피츠버그 파이어리츠 이야기.

이것이 진짜 메이저리그다

지은이 제이슨 캔달 | 옮긴이 이창섭

하나의 투구는 결투가 되고, 하나의 타격은 스토리가 된다.
메이저리그의 전설적 포수가 말해주는 메이저리그의 속 사정. 알고 보면 더욱 재미있다.

창의적인 아이로 만드는 12가지 해법

지은이 **줄리아 카메론** | 옮긴이 **이선경**

아이의 예술적 감성을 키워주는 12가지 해법을 전한다. 부모가 모든 것을 희생한다고 생각하지 마라. 부모가 스스로를 사랑해야 아이도 여유를 찾고 창의성을 키운다.

우리 아기 발달 테스트 50

지은이 **숀 갤러거** | 옮긴이 **장정인** | 감수 **이지연**

아기의 발달 과정을 부모가 재미있는 실험을 하면서 직접 파악할 수 있다.
아이의 손과 눈을 보라. 무슨 말을 하는지 알 수 있다.

강아지와 대화하기

지은이 **미수의행동심리학회(ACVB)** | 옮긴이 **장정인**

당신의 개는 지금 무슨 말을 하고 있을까?
당신의 행동이 지금 당신의 개에게 어떤 신호를 주고 있을까?